MICHAEL THIEME

Vom **Anreiten** bis zur **Piaffe**

Praktische Hinweise und Ausbildungstipps nach klassischen Ausbildungsgrundsätzen

Impressum

Bibliografische Information der Deutschen Nationalbibliothek
Die Deutsche Nationalbibliothek verzeichnet diese Publikation in der Deutschen Nationalbibliografie; detaillierte bibliografische Daten sind im Internet über http://dnb.dnb.de abrufbar.

Postanschrift: Freiherr-von-Langen-Str. 8a, 48231 Warendorf. E-Mail-Adresse: fnverlag@fn-dokr.de

Autor
Michael Thieme, Groß Krams

Lektorat, Korrektorat
FN*verlag*, Warendorf

Titelfotos
Privatarchiv Michael Thieme, Groß Krams
Archiv Landgestüt Redefin (© Thomas Jezerkowski, Schwerin)

Illustrationen
Cornelia Koller, Dierkshausen (entnommen aus *Grundausbildung für Reiter und Pferd, Richtlinien für Reiten und Fahren, Band 1* und *Weiterführende Arbeit für Pferd und Reiter, Richtlinien für Reiten und Fahren, Band 2* sowie *Longieren, Richtlinien für Reiten und Fahren, Band 6*)

Mit Ausnahme von
Linda Stanke, **FN***verlag*: Seiten 21, 42, 82

Gesamtgestaltung
Linda Stanke, **FN***verlag*

Druck und Verarbeitung
Westermann Druck Zwickau GmbH

ISBN 978-3-88542-974-6

Fotos
Privatarchiv Michael Thieme, Groß Krams:
Seiten 7, 18, 19, 23 (3), 24, 28 (3), 30, 31 (2), 32 (2), 50, 67, 88, 93, 102, 106

Archiv Deutsche Reiterliche Vereinigung e.V. (FN):
Seiten 91 o., 97 (© Thoms Lehmann)

Stephanie Becker, Lüssow:
Seiten 78, 91 u., 108 (3), 113 (4)

Fotografie Kirsten Beeck, Osterrönfeld: Seite 117

Werner Ernst, Ganderkesee: Seite 45

Sven Chr. Först, Kiel: Seite 119 (2)

F & K Fotodesign GmbH, Berlin: Seite 77 o.

Karl-Heinz Frieler, Gelsenkirchen: Seite 86

Torsten Jakubik, Fredersdorf-Vogelsdorf: Seite 55

P.A. Kroehnert, Berlin: Seite 104

Sportfotos Stefan Lafrentz, Plön: Seite 77 m.

Karl Lohrmann, Sabel: Seite 77 u.

Terri Miller Paintings & Photos, San Marcos, Kalifornien: Seite 96

Olaf Rutschek, EquestFoto, Argenbühl: Seite 98

Björn Schroeder Pferdefotografie, Berlin:
Seiten 10 re., 11, 17, 79

Pferdebildagentur Michael Schroeder, Wiesenbach:
Seiten 14, 57, 80

Annett Strohbehn, Belsch: Seiten 38, 43, 46, 51, 64, 68

Tamara Torti/tamarawiththecamara.com, Sacramento, Kalifornien: Seite 81 o.

Jutta Wego, Horse Media Wego, Dummersdorf:
Seiten 10 li., 13, 81 u., 84

Koen Gomes, Amsterdam: Seite 114

Es scheint mir bei aller Komplexität des Themas „Ausbildung von Pferden" wichtig, das Bekannte – die auf unseren „Richtlinien" beruhenden Grundsätze – einmal auf das „Wesentliche" herunterzubrechen.

Michael Thieme

Inhalt

Begleitworte

Christoph Hess

Lieber Michael!
Dein Buch *Vom Anreiten bis zur Piaffe* begeistert mich. Mit großer Freude habe ich es gelesen. Jeden deiner Gedanken konnte und kann ich nachvollziehen. Nicht an einer Stelle deines Buches bin ich anderer Meinung. Nichts hätte ich anders oder besser erklären können. Zur Anfertigung und zur Fertigstellung deines Buches gratuliere ich dir von Herzen.

Dein Buch ist inhaltlich und sprachlich so gestaltet, dass es sich fachlich gut nachvollziehen lässt. Die Aufbereitung der so wichtigen Theorie erfolgte in pädagogisch wertvoller Weise. Du verstehst es, schwierige Zusammenhänge einfach und nachvollziehbar zu erklären. Du verwendest eine Sprache, die deine Leser motiviert, sich mit der zum Teil nicht einfachen Materie nachhaltig zu beschäftigen.

Etwas ganz Persönliches möchte ich an dieser Stelle einfließen lassen: In Kapitel 3.4 auf Seite 23 zeigst und erläuterst du das „Abkauen-Lassen". Das „Abkauen-Lassen" ist eine wichtige Methode, die leider zu wenig gelehrt wird. Dankbar bin ich dir, dass du sie in dein Buch mit aufgenommen hast. Mögen viele Leser diese Methode künftig selbst erproben und anwenden, damit sie wieder eine weite Verbreitung findet.

Die Klassische Reitlehre ist ein „immaterielles Kulturerbe". Du hast ihre Geheimnisse erlernt, sie erfolgreich im Sattel praktiziert und lehrst sie seit Jahrzehnten. Deine beiden Kinder André und Christina sind die besten Botschafter deiner Ausbildung. Du kannst auf sie beide stolz sein.

Reiter und Pferde auszubilden, das ist es, was dich antreibt, dich motiviert. „Bei Michael Thieme zu reiten", war und ist für viele Reiter etwas besonders Erstrebenswertes. Das habe ich immer wieder von den unterschiedlichsten Reitern im Lande gehört. Mit persönlichem Engagement stellst du dich auf deine Schüler ein. Du beschäftigst dich leidenschaftlich mit jedem einzelnen Reiter – und das unabhängig von seinem Niveau und seiner reiterlichen Perspektive.

Vor diesem Hintergrund ist auch dein Buch zu sehen. Du hast es so verfasst, dass es von jedem Reiter zu verstehen ist. Jeder Reiter kann es lesen, unabhängig davon, wie weit er selbst fortgeschritten ist.

Nicht viele Ausbilder deines Niveaus haben das zu Papier gebracht, was sie sich über Jahrzehnte im Sattel erarbeitet und vom Boden aus gelehrt haben. Mit *Vom Anreiten bis zur Piaffe* hast du dir bereits zu Lebzeiten ein Denkmal gesetzt. Ich hoffe, dass dein Buch viele Leser finden wird und diese deine reiterlichen Tipps praktizieren – zum Wohle unserer so herrlichen Pferde!

Warendorf, Juli 2025

Wien, 2024; Christoph Hess und Michael Thieme auf den Spuren der klassischen Reiterei an der Wiener Hofreitschule

Hannes Müller

Als Michael mich bat, einen Blick auf „ein paar Notizen" zum Thema Reitlehre in der Praxis zu werfen, habe ich sehr gern zugesagt. Mir war dabei nicht klar, dass er in seinen Aufzeichnungen einmal vollständig, von den Anfängen bis zur Vollendung der Ausbildung eines Pferdes, durch das Thema gegangen war. Sie halten hier sein kostbares Lebenswerk in Händen, geprägt von seinem Wissen, Können und seinen Erfahrungen; geschrieben auf der Basis der Klassischen Reitlehre, die als immaterielles Kulturerbe anerkannt ist; selbst erlernt und durch unzählige Stunden im Sattel und als Ausbilder in der Reitbahn auf Alltagstauglichkeit überprüft.

Kennengelernt haben Michael und ich uns 1991 auf den Landesmeisterschaften von Mecklenburg-Vorpommern in Karow. Er wurde damals mit seinem Pferd „Diskret" Dressurlandesmeister, und ich durfte mich über meinen ersten S-Sieg in einer Dressurprüfung freuen. Vom ersten Moment an hatten wir eine gleiche „Wellenlänge", wie man sie sich unter Pferdemenschen nur wünschen kann.

Unsere Lebenswege sollten sich in der Zukunft noch häufiger kreuzen, vorrangig aufgrund von Michaels Position als verantwortlicher Ausbilder am Landgestüt Redefin. Unsere Landgestüte sind die Leuchttürme der Ausbildung im Pferdebereich, vor allem bei der Berufsausbildung zum Pferdewirt. In meiner Eigenschaft als Ausbildungsleiter der Deutschen Reitschule in Warendorf, die bundesweit für die Pferdewirte „Klassische Reitausbildung" Prüfungsort und damit auch Heimstätte der Berufsreiter ist, habe ich infolgedessen sowohl unzählige von Michael in Redefin ausgebildete Pferdewirte „Reiten" als auch Pferdewirtschaftsmeister in dieser Fachrichtung erfolgreich durch die Prüfungen begleitet. Die Qualität seines strukturierten Ausbildungsvorgehens wurde anhand der Tatsache evident, dass die so vorbereiteten Lehrlinge gleich mehrmals als Sieger im Bundesberufswettkampf der Pferdewirte glänzen konnten, allen voran sein Sohn André, der seine Karriere im Jahr 2021 mit dem Europameistertitel im Springreiten krönen konnte. Gerade Andrés Erfolge kommen nicht von ungefähr: Die Mehrzahl der notwendigen S-Siege für sein Goldenes Reitabzeichen erreichte er im Dressursattel. Nicht Spezialisierung, sondern die klassischen Grundsätze der vielseitigen Ausbildung bilden die Basis für Andrés herausragende Karriere. Dass seine Berufsprüfungen, wie bei so vielen von Michaels

Azubis, mit der begehrten „Stensbeck-Plakette“ für überdurchschnittliche Prüfungsleistungen belohnt wurden, stellt dabei fast schon eine Selbstverständlichkeit dar.

Neben seiner Tätigkeit als Ausbilder hat sich Michael zudem knapp 30 Jahre lang als Delegierter in der Bundesvereinigung der Berufsreiter verdient gemacht, indem er sich im Ehrenamt mit seinem profunden Wissen und seiner vorbildlichen Persönlichkeit eingebracht hat. Dafür haben ihn die Kolleginnen und Kollegen mit der Goldenen Ehrennadel der BBR (Die Bundesvereinigung der Berufsreiter im Deutschen Reiter- und Fahrer-Verband e.V.) ausgezeichnet.

Als Leser halten Sie nun also einen Leitfaden in den Händen, der als erprobte Praxis und Extrakt eines unermüdlichen Ausbilderwirkens die Grundlage für reiterlichen Fortschritt und Erfolg darstellt. Die hier dargelegten klaren Prinzipien, übersichtlich strukturiert, bieten jedem Reiter eine konkrete Hilfe, sich in der so anspruchsvollen Vielschichtigkeit der Ausbildung von Reiter und Pferd zurechtzufinden. Dabei konsequent die Grundlagen der Skala der Ausbildung im Blick zu haben und in Variationen der Zirkelarbeit ganz konkrete Lösungsansätze für nahezu jede Hürde in der täglichen Arbeit mit dem Pferd anzubieten, macht dieses Buch einzigartig. Was mich persönlich besonders beeindruckt, ist der Umstand, dass bei aller praktischen Anleitung für Michael das Wesen und das Wohlergehen der Pferde stets an erster Stelle stehen. Nur auf dieser Basis wird man die Faszination und das Glück, das Pferde uns in der heutigen und zukünftigen Zeit bescheren können, in vollen Zügen genießen.

Ich wünsche Ihnen viel Freude und Aha-Erlebnisse nach erfolgreichem Studium und Anwendung der Erfahrungen von Michael Thieme.

Hannes Müller, Vorsitzender der Bundesvereinigung der Berufsreiter, ehemaliger Ausbildungsleiter der Deutschen Reitschule

Warendorf, Juli 2025

André Thieme

Die Umsetzung der Theorie in die Praxis ist allen Bereichen des Lebens eine große Herausforderung. Auch in der Ausbildung von Reitern und Pferden zieht sich die Herausforderung vom Anfänger bis in den internationalen Sport. Als jemand, der diesen langen, beschwerlichen Weg gegangen ist, kann ich heute einschätzen, wie viele Türen die ruhige, bodenständige und stets pferdefreundliche Ausbildung meines Vaters öffnete, und dass sie die solide Basis meiner Karriere darstellt. Besonders seine Herangehensweise, die Ursachen für die häufig in der Pferdeausbildung auftauchenden Probleme zu erkennen und gleichzeitig die Lösungswege für diese Probleme zu finden, hat mich reiterlich in die Lage versetzt, mit den unterschiedlichsten Pferdetypen zurechtzukommen, sie zu formen, für den Reiter zu gewinnen und dadurch die entsprechenden sportlichen Erfolge zu erzielen.

Plau am See, Juli 2025

André Thieme mit Dularus, Mecklenburger Hengst von Duell II, mehrmaliger Landesmeister der Jungen Reiter in Mecklenburg-Vorpommern, hier 1991

André Thieme mit Nacorde, 2007/2008/2011 Gewinner des Hamburger Springderbys. 2025 folgte ein weiterer Sieg des Springderbys mit Paule.

Riesenbeck 2021, Europameister mit Chakaria

1 *Warum schreibe ich dieses Buch*

„Herr Thieme, Sie müssen ein Buch schreiben."

Dieser Satz fällt immer wieder auf den von mir durchgeführten Lehrgängen, die seit Jahrzehnten meine Reit- und Ausbilderlaufbahn begleiten. „Seitdem Sie uns das mit Ihren Worten und Bildern vor Augen geführt haben, geht es in der Ausbildung viel besser und stetig voran" oder „Das sieht bei Ihren Schülern, oder wenn Sie sich draufsetzen, so einfach aus."

Eine schönere Bestätigung seiner Arbeit braucht man als Reiter und Ausbilder wohl kaum. Da diese Einschätzung durch die Reitschüler die Lehrgangsplätze füllt, ist die Zeit, meinen Unterricht in Schriftform zu bringen, entsprechend knapp. Außerdem gibt es doch unzählige mehr oder weniger ausführliche und gute Bücher zum Thema: Warum sollte also ich, der Praktiker, noch ein weiteres hinzufügen?

Ganz einfach: Die Erfahrung aus meinen Lehrgängen zeigt mir eine Entwicklung auf, die einerseits davon zeugt, dass altbewährtes Reiterwissen immer mehr verloren geht, die Fülle an zahllosen Reitlehrbüchern es den Schülern aber andererseits immer schwerer macht, sich im Dschungel der Informationen zurechtzufinden. Auch häufige Stall- und Ausbilderwechsel, wenn es dem Reiter bei seinen Bemühungen – gefühlt oder real – nicht genügend vorangeht, führen bei vielen Reitern zu Unsicherheiten und Irritationen.

Es geht mir deswegen nicht um eine Neuauflage der Reitlehre und erst recht nicht um Vollständigkeit; vielmehr stellt dieses Buch – aufgefordert durch die Bitte zahlreicher Reitschüler, die der Meinung sind, dass ihnen mein Unterricht

Der Verfasser Michael Thieme auf D´Olympic, 2000 Vize-Weltmeister der 6-jährigen Dressurpferde in Arnheim, 2003 Sieger in der Qualifikation zum Nürnberger Burg-pokal, mehrmaliger Landesmeister Mecklenburg-Vorpommern, langjähriger Leiter der Landesreitschule in Redefin, sowie Disziplintrainer der Mecklenburger Dressurreiter.

eine besonders gute oder verständliche Struktur bietet – den Versuch dar, einige immer wieder auftauchende, scheinbar in Widerspruch zueinanderstehende Zusammenhänge in der Ausbildung von Reiter und Pferd aufzuklären.

Ein Beispiel: „Du sollst dein Pferd nicht so stark anfassen“ versus „Du musst dich mal mehr durchsetzen“ – so hin- und hergerissen zwischen zwei scheinbaren Widersprüchen bleiben viele Reiter ewig Suchende. Offensichtlich wird dieser Zustand durch die Masse an Informationen und durch die mehr oder weniger hilfreiche Diskussion mit Stall- und Trainingspartnern weiter verstärkt. Dabei sind auch die zahlreich geführten Debatten zwischen Anhängern verschiedener Reitweisen wie „klassisch“, „classique“ oder auch „barock“ zusätzlich kontraproduktiv, weil sich in diesen in der Regel auf Unterschiede und Förmlichkeiten konzentriert wird – „Schubkraft vor Tragkraft“, „Schwung vor Versammlung“ oder umgekehrt –, obwohl sich bei den Könnern immer schnell herausstellt, dass es viel mehr Vereinigendes als Trennendes gibt: Ich werde mit jedem Barocktrainer sehr schnell einig, wenn ich sage, es geht im Grund doch immer wieder um die Balance, die es zwischen dem aktiven Vorwärts und der Kontrolle des Pferdes möglich macht, die Durchlässigkeit im Zuge der Ausbildung in beide Richtungen weiterzuentwickeln.

Es scheint mir bei aller Komplexität des Themas „Ausbildung von Pferden“ wichtig, das Bekannte – die auf unseren „Richtlinien“ beruhenden Grundsätzen – einmal auf das „Wesentliche“ herunterzubrechen. In meinen Ausführungen soll es also nicht um das in den vielen Reitlehrbüchern beschriebene Ziel gehen, wie ein Pferd zu gehen hat oder wie eine Lektion in mehr oder weniger Perfektion aussehen soll. Vielmehr geht es mir um das Erarbeiten der dafür notwendigen Grundlagen, Gedanken und Lösungswege, die von erfahrenen Ausbildern erfolgreich praktiziert werden, aber eben selten nachzulesen sind. Dabei möchte ich mich den immer wiederkehrenden Fragen und Problemen mit praktischen Hinweisen stellen – ganz im Sinne von Paul Steckens Ausspruch „Richtig reiten reicht!“.

2 *Balance* –

warum ich sie als so wesentlich herausstelle

Der Autor und Elitehengst Juventus

Die Darstellung der Ausbildungsskala als ein Bauwerk, bei dem das Fundament besonders stark tragend sein muss, um den darauf aufbauenden Bausteinen jeweils den entsprechenden Halt zu geben, finde ich besonders anschaulich:

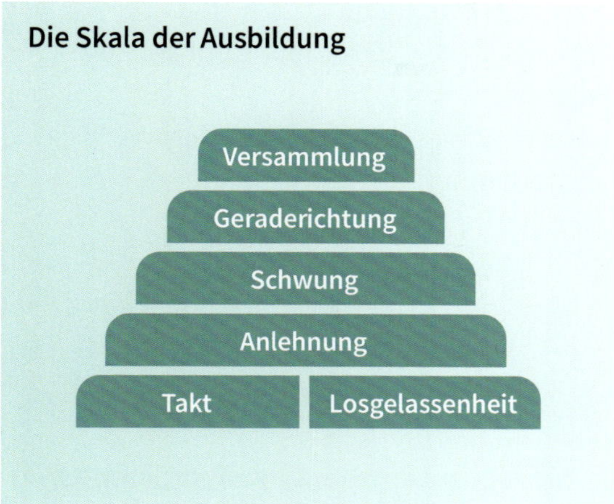

Vom Anreiten bis zur Piaffe – die Balance ist der Schlüssel. Balance als Bezeichnung des Gleichgewichts, in dem sich Pferd und Reiter befinden müssen, ist die Grundlage, um im Laufe der Ausbildung zu immer anspruchs- und damit auch eindrucksvolleren Lektionen zu kommen. Aber auch das Wechselspiel zwischen Reiter als Ausbilder und Pferd als Schüler, also dem Finden des richtigen Maßes zwischen Verständnis, Einfühlungsvermögen und dem richtigen und wichtigen Maß an Durchsetzungsvermögen müssen in einer Art Balance gehalten werden, um insbesondere Überforderung bei Pferd und Reiter zu vermeiden. Dabei spielt neben dem entsprechenden Grundwissen über den Inhalt der Reitlehre (welches in diesem Buch vorausgesetzt wird) möglichst viel Erfahrung eine große Rolle.

Für die Leser, die hier bemerken, dass in den „Richtlinien" vorrangig das Wort „Gleichgewicht" verwendet wird, sei an dieser Stelle gesagt, dass das von mir bevorzugte Wort „Balance" aus meiner Sicht deutlich mehr beinhaltet als nur das gewünschte und zu erzielende Gleichgewicht des Pferdes. Ich sehe also eine Reihe von Dingen in der Ausbildung, die in Balance gehalten oder gebracht werden müssen.

Schwerpunkte aus meinem lebenslangen Erfahrungsschatz als Ausbilder und Reitlehrer

Negative Erfahrungen zu vermeiden ist enorm wichtig und hilfreich, da bewiesenermaßen die Erinnerung an schlechte Situationen im Gedächtnis der Pferde erhalten bleibt und in ähnlichen Situationen wiederkehrt. Umgekehrt sollte jeder Ausbilder (Reiter) Erfolgserlebnisse durch Belohnung bestätigen, wie es ein guter Pädagoge tut. So werden gelungene Reprisen oder Ausbildungsziele durch positive Bestätigung – in Form von Lob, Pause, Leckerli oder auch dem Beenden der Arbeit – zu mehr Leistungsbereitschaft und Abrufbarkeit führen.

Die Kenntnis sogenannter Schlüssellektionen ist eine unverzichtbare Basis bei der Ausbildung von Reitern und Pferden. Das Abfragen und Umsetzen dieser Schlüssellektionen bilden somit eine der wichtigsten Grundlagen der Pferdeausbildung. So erkennt der Reiter wie der Ausbilder am Gelingen oder Nichtgelingen dieser Prüfsteinlektionen jeweils die Wirkung der Einwirkung des Reiters auf das Pferd.
Diese Wechselwirkung zwischen Planung – Prüfstein – Rückwirkung auf den Reiter (im Sinne von „Was muss ich verbessern?") ist eine wesentliche Grundlage auf dem Weg zum selbstständigen Reiten. Der Weg dorthin erfolgt über die Grundlagenarbeit und muss erst einmal verstanden werden; und genau an diesem Verständnis hapert es in vielen Reithallen und auf vielen Reitplätzen.

Beruhend auf meinen jahrzehntelangen Ausbilder- und Reitlehrererfahrungen haben sich für mich folgende **Leitsätze** als besonders hilfreich und nützlich herauskristallisiert:

- **Fördern heißt fordern** – jedes Pferd hat mehr oder weniger ausgeprägte Schwachstellen, die nur durch sinnvolles Training, das heißt auch mittels maßvollen Arbeitens im Grenzbereich, ausgeglichen werden können.
- **Reiterliche Einwirkung:**
  — **so viel wie nötig** (um Wirkung zu erzielen)
  — **so wenig wie möglich** (um Überforderung oder Überlastung zu vermeiden, das Pferd gesund zu erhalten und zur eigenen Ausstrahlung zu bringen)
- **Der rote Faden – Schaffen von klaren Strukturen,** die auf der Grundlage der Ausbildungsskala beim selbstständigen Reiten planvoll die Wechselwirkung zwischen ausbildungsfördernden Lektionen und Situationsbeurteilung des Entwicklungsstandes des Pferdes sowie zur Selbstkontrolle des Reiters dienen.
- Beim Auftreten von Problemen, die sich nicht durch höchstens drei bis vier Korrekturen verbessern oder lösen lassen, heißt es, zu den **Grundlagen** zurückzukehren, die bereits erarbeitet sind.
- Ebenso wichtig ist es, **Ursachenforschung** (Analyse) entlang der Ausbildungsskala zu betreiben und die Richtigkeit der eigenen Einwirkung in Frage zu stellen. Dabei sind die körperlichen Voraussetzungen, einschließlich der Gesundheit des Pferdes, in die Betrachtung miteinzubeziehen.

Ein schönes Beispiel, wie wertvoll diese Zusammenhänge dressurmäßiger Grundlagen auch für die anderen Reitsportdisziplinen sind, stellen die Erfolge von André Thieme dar, hier auf Paule. Mit ihm konnte er zum vierten Mal das Hamburger Spring-Derby gewinnen – ein Springen, welches ganz besondere Herausforderungen an Reiter und Pferd stellt und deshalb mit gutem Grund zu den schwersten Prüfungen der Welt gezählt wird.

3 *Die Vorbereitung*

3.1 Tierliebe und Durchsetzungsvermögen

Entscheidend für das Gelingen der Ausbildung ist das Vertrauensverhältnis zwischen Reiter und Pferd. Um dieses zu erreichen, trägt jeglicher Umgang bei – von der Futtergabe über Pflegemaßnahmen bis hin zur korrekten Bodenarbeit. Dabei spielen Regeln, das heißt die Entwicklung bestimmter Abläufe sowie die damit einhergehende Erziehung, eine große Rolle.

Am Beginn zu einer guten Beziehung zwischen Mensch und Pferd helfen schon die kleinen Mitbringsel wie Äpfel, Möhren oder ein Leckerli, um beim Pferd ein gewisses Maß an Interesse am Menschen auszulösen und die Grundlage für ein Vertrauensverhältnis zu schaffen. Genauso wichtig wie dieses Vertrauensverhältnis ist es aber auch, gleichzeitig die eigene Position dem Pferd gegenüber klarzustellen. Dies ist eine Voraussetzung für die Ausbildung eines Pferdes. Der Mensch muss dem Pferd gegenüber eine „Führungsposition" einnehmen, die Pferde bei entsprechender Aufzucht aus der Herdenhierarchie durchaus kennen. Das beginnt schon mit einem einfachen Weichen oder Herumtreten-Lassen, zum Beispiel bei der Pferdepflege. So zeigte sich im Laufe meiner doch recht langen Ausbilderlaufbahn, dass neben oder besser gegenüber einem großen Maß an Tierliebe das richtige Maß an Durchsetzungsvermögen steht.

Für das Lernen des Pferdes sind nicht nur die individuell unterschiedlichen Veranlagungen und Voraussetzungen sehr wichtig, sondern auch der große Unterschied zwischen Mensch und Tier – im Falle des Pferdes auch noch eines Beute- und Fluchttieres. Mehr oder weniger jedem Bericht von Dompteuren oder Tiertrainern unterschiedlicher Art kann man entnehmen, dass das Trainieren beziehungsweise Ausbilden von Pferden mit zu den schwierigsten Dressuren gehört, da es bei Flucht- und Beutetieren in der Regel am häufigsten um Vermeidungsstrategien geht: „Wie entziehe ich mich der beunruhigenden oder gar beängstigenden Situation am schnellsten?" – und eher selten um „Was muss ich tun, damit ich diesen oder jenen Vorteil erlange?" Diese „Lösungsstrategie" ist der Grund, warum beispielsweise ein Hund das Apportieren viel schneller begreift.

Obwohl am Anfang jedes Reitlehrebuches so gut wie immer auf die Entwicklungsgeschichte und auch auf die zuvor genannten Zusammenhänge eingegangen wird und jeder Reitschüler schon beim Reitabzeichen 5 dieses Wissen erlernt, stelle ich fest, dass dieses „althergebrachte“ Reiterwissen in der heutigen Zeit offensichtlich ungenügend verstanden oder aber auch nicht gelehrt wird. So wundern sich Reitschüler immer wieder, warum das Pferd nicht richtig angaloppiert, obwohl sie doch den Schenkel genauso, wie in ihrem Buch abgebildet, positioniert haben. Ich wäre dann fast geneigt zu sagen: Weil das Pferd kein Computer ist und damit auch das Angaloppieren auf die entsprechende Hilfe nicht vorinstalliert ist.

Obwohl: Genau diesen Automatismus „einzubauen“, könnte wiederum ein gutes Bild für einen erfolgreichen Ausbilder sein. Aber dazu kommen wir später noch.

3.2 Grundgedanken zum Ausbilder (Reiter)

In diesem Zusammenhang kann gar nicht oft genug klargestellt werden, dass bereits ein einfaches An-die-Hilfen-Stellen zunächst für das Pferd und den Reiter verständlich vermittelt und von beiden auch tatsächlich verstanden werden muss, bevor wir in einem mehr oder weniger langen Entwicklungsprozess zu der darauf aufbauenden Durchlässigkeit kommen.

Anzustrebende korrekte Gebrauchs- und Dehnungshaltung

Schon der Gedanke an all die traurigen Bilder, wenn Reiter ihre vermeintlich „sturen Böcke“ mit aller ihnen körperlich verfügbaren Kraft „Durchlässigkeit“ beibringen wollen, treibt mir eine Gänsehaut über den Rücken.

„Vorn halten – hinten quetschen“ führt zu festgehaltenem Rücken, übertriebener Aufrichtung, Herausdrücken des Unterhalses sowie mangelndem Durchschwung der Hinterbeine. Das Pferd verspannt sich und hält sich fest.

Auf die Frage „Was machst du da …?“ kommt in der Regel eine Antwort wie „Der will sich heute überhaupt nicht biegen“ oder „Der lässt heute nicht richtig los.“
Gegenfrage: Ja, wie soll er denn auch, wenn der Reiter permanent drangsaliert und quengelt und selbst nicht loslässt …?

Und anhand dieses Beispiels komme ich zum Kern des Problems aller Ausbildungs- beziehungsweise Reitbemühungen: **Welche Maßnahmen ergreift der Reiter beim Auftreten eines Problems?** Nur zu häufig erlebt man, dass Reiter aus purer Hilflosigkeit mit falschen Mitteln reagieren. Einhergehend damit muss man feststellen, dass sich auch (tier-) liebe Menschen häufig nicht bewusst sind, dass zum Umgang mit und zur Ausbildung von Pferden nicht nur die Liebe zum Tier, sondern vor allem auch **Kenntnisse** gehören.

Ein Beispiel für einen Lösungsweg gegen die vermeintliche Undurchlässigkeit im Zusammenspiel der Hilfen im eingangs geschilderten Negativbeispiel bietet die – leider aus der Mode gekommene – **Vorhandwendung** **(siehe auch Seite 58).**

Vorhandwendung in vier Schritten:

1. Ruhiges Stehen (Gelassenheit als Voraussetzung für Losgelassenheit)
2. Seitwärtstreibender Schenkel (kommt durch: **Lob**; kommt nicht durch: mehr Impuls/Einwirkung, danach **Lob**)
3. Wiederholung Tritt für Tritt (kein Herumeilen-Lassen)
4. Ruhiges Stehen nach Abschluss der Vorhandwendung

Wie also kann ein Reiter besser das Zusammenspiel seiner Hilfen lernen?

Merksatz:
Der Reiter liest an der Reaktion des Pferdes die Effizienz seiner Hilfen ab.

3.3 Vorgehensweise beim Auftreten von Problemen mit dem Pferd

Treten Probleme beim Umgang mit dem Pferd oder beim Reiten auf, ist der Reiter gezwungen, sich die zwei folgenden grundsätzlichen Fragen zu stellen:

1. Was ist Auslöser des Problems?
2. Wie stelle ich das Problem ab?

Konkrete Beispiele hierfür sind:

- **Problem Umweltreize:** Lärm oder sonstige Geräusche, Licht/Schatten, Menschen, andere (ggf. außer Kontrolle geratene) Pferde
  - Lösung Umweltreize: Einflüsse/Reize minimieren, Gewöhnung
- **Problem Gesundheit:** Kondition, Konstitution
  - Lösung Gesundheit: Vorsorge, Konditionsaufbau
- **Problem Exterieur:** Beurteilung des Genicks über die Oberlinie bis zur Hinterhandwinkelung
  - Lösung Exterieur: Training entsprechend der körperlichen Möglichkeiten des Pferdes
- **Problem Reiter:** Hier reicht die Spanne vom so gut wie gar nicht einwirkenden, gegebenenfalls übervorsichtigen Reiter bis hin zum grob einwirkenden, rücksichtslosen und/oder sich maßlos selbstüberschätzenden Reiter.
  - Lösung Reiter: ehrliche (Selbst-)Reflexion und regelmäßiger Unterricht beim erfahrenen Ausbilder

Merksatz:
Die richtige Ursachenanalyse eines Problems ist die entscheidende Voraussetzung, um durch die Wahl der daraus geschlussfolgerten richtigen Mittel beziehungsweise der richtigen Vorgehensweise das Problem zu lösen.

3.4 Das Abkauen-Lassen

Das sogenannte **Abkauen-Lassen** ist für zahlreiche Ausbilder selbstverständlich, es wird mittlerweile jedoch wenig gelehrt. Die Übung hilft dem Pferd, indem es dem leichten Druck durch das Gebiss am Unterkiefer nachgibt, den Weg in die Tiefe zu finden, wie sie auch dem Reiter hilft, ein Gefühl für das richtige Maß an Zügeleinwirkung zu finden. Das Pferd abkauen zu lassen, kann schon vor dem ersten Aufsitzen hilfreich sein und entwickelt sich später unter dem Reiter zum Zügel-aus-der-Hand-kauen-Lassen als einem der wichtigsten Prüfsteine für die Losgelassenheit des Pferdes.

Am Boden: Der Ausbilder/Reiter stellt sich dabei vor dem getrensten Pferd auf und nimmt mit beiden Händen – die Zügel dicht am Trensenring haltend und den Daumen jeweils in den Trensenring legend – eine klare Dominanz ausstrahlende (Leittier-)Position ein. Die erste Kopfausgangsposition sollte dabei einfach so hingenommen werden, wie sie vom Pferd angeboten wird, idealerweise bereits in Form der normalen Grundhaltung.

Durch leichten Kontakt mit beiden Gebisshälften am Unterkiefer des Pferdes und leichtes Stellen und wieder Geraderichten versucht der Ausbilder, ein Nachgeben des Pferdes im Genick auszulösen, welches bei Eintreten durch promptes Nachgeben der Hand nach vorwärts-abwärts belohnt wird. Man merkt einerseits relativ schnell, wie viel beziehungsweise wie wenig Druck beim Pferd zur entsprechenden Reaktion führt. Andererseits verhalten sich Pferde unterschiedlich – leicht und fügsam die einen, etwas dominanter und willensstärker die anderen, die versuchen, sich dieser Einwirkung zu entziehen. Besonders bei Pferden der letzteren Kategorie ist diese Übung jedoch umso wichtiger und lehrreicher für Pferd und Ausbilder zugleich: Während das Pferd lernt, sich zu konzentrieren und fügsam unterzuordnen, wird der Reiter/Ausbilder in Geduld, Geschick und Durchsetzungsvermögen/Konsequenz geschult.

Man lernt bereits bei dieser vermeintlich einfachen Einwirkung, wie differenziert „die Sache mit dem Gefühl" zu sehen ist; einerseits muss so viel eingewirkt werden wie nötig, um Wirkung zu erzielen, andererseits so wenig wie möglich, um keine Abwehrreaktion auszulösen.

4 Das Longieren

Das Longieren ist eine, vielleicht sogar die wichtigste Grundlage für die Ausbildung und Entwicklung der ersten drei Punkte der Skala der Ausbildung: Takt, Losgelassenheit und Anlehnung. Ich beschränke mich im Folgenden nur auf das Wesentliche, da ich kein Buch zum Longieren schreibe:

Takt

Pferde sind von Natur aus mit mehr oder weniger gutem Takt ausgestattet. Im natürlichen Takt zeigt sich ein Pferd am besten bei entsprechender Losgelassenheit, wobei gleich klar wird, wie eng der eine mit dem anderen Punkt verknüpft ist.

Losgelassenheit

Gerade beim Longieren spielt das Ausschalten störender Umweltfaktoren eine entscheidende Rolle. Besonders Faktoren, die den Fluchttierreflex auslösen können, sollten nach Möglichkeit vermieden werden. Das bedeutet nicht, dass nach entsprechender Gewöhnung und Erziehungszeit ein fortschreitendes Maß an Gewöhnung an Umwelteinflüsse nicht hilfreich und geboten ist.

Das häufig zu beobachtende sogenannte „Ablaufenlassen“ ist aus meiner Sicht bestenfalls als Notlösung zu bezeichnen. Meine Vorbilder waren stets darauf bedacht, dass auch beim Longieren die Ausbildungsstunde mit Ruhe im Schritt beginnt, um von vornherein die Grundlagen zu schaffen, die dann auch unter dem Sattel angestrebt werden. Das Wesentliche im Wort „Losgelassenheit“ ist die Gelassenheit: Auf diese aufbauend folgen Vertrauen, Konzentration auf den Ausbilder und damit: Lernen!

Anlehnung

Beim Punkt Anlehnung wird die Diskussion beim Thema Longieren schon sehr lebhaft. In der Regel stehen sich zwei Lager gegenüber, mit entsprechend mehr oder weniger unüberwindlichen Grundsätzen:

Auf der einen Seite gibt es die – ich möchte sie die besonders Vorsichtigen nennen – für die nur das Longieren am Kappzaum vernünftig erscheint und die jegliches Ausbinden ablehnen, auf der anderen Seite die – ich nenne sie mal – Unerschrockenen, für die eher das Motto „Der Zweck heiligt die Mittel“ gilt.

Ich selbst habe einen sehr konkreten Standpunkt, nicht nur in Bezug auf das Thema Longieren:

Die Frage, ob eine Ausbildungsmethode klar erkennbar dem Wohl des Tieres zuträglich ist, muss mit einem klaren JA zu beantworten sein.

Den Einsatz von Hilfszügeln sehe ich demzufolge bei richtiger Anwendung genau in diesem Sinne, dem Helfen, zum Beispiel um bestimmte Exterieurmängel, wie Unterhals oder wenig obere Halsmuskulatur, in der Entwicklung positiv zu beeinflussen. In diesem Zusammenhang ist es aus meiner Sicht unerlässlich, die Vor- und Nachteile verschiedener Ausbindevarianten und Hilfszügel zu erörtern.

Vor- und Nachteile von Hilfszügeln

	Vorteile	Nachteile
ohne Ausbinder	• keinerlei Zwang hinsichtlich der Haltung	• Haltung kann nicht positiv beeinflusst werden
normale (feste) Ausbinder	• dient vor allem der Stabilisierung • sehr konkrete seitliche Begrenzung	• muss für jede Gangart individuell angepasst werden • kann für sensible Pferde nachteilig sein • führt bei manchen Pferden zum starken Abstützen auf das Gebiss, was gelegentlich Zungenfehler hervorrufen kann

Einfache Ausbindezügel

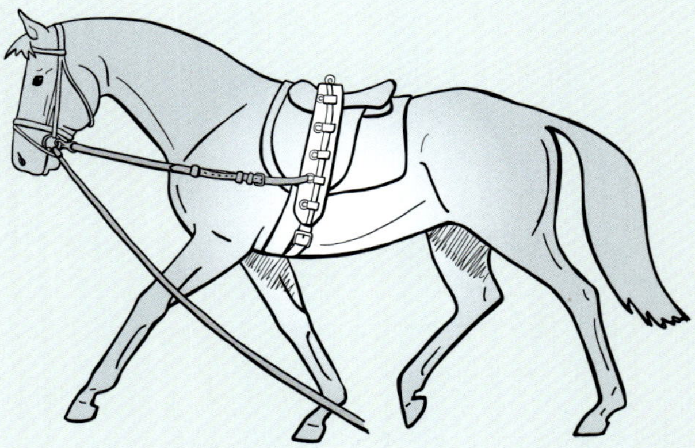

	Vorteile	Nachteile
Dreieckszügel/ Laufferzügel	• seitliche Begrenzung wie Ausbinder • durch das Gleiten des Zügels durch den Gebissring wird das zwanglose Vorwärts-Abwärts gefördert • Anlehnung entwickelt sich leicht mit weniger Stütze zu mehr Selbsthaltung, welche durch unterschiedlich hohes seitliches Verschnallen gut zu beeinflussen ist • Anlehnung, Rückentätigkeit und Entwicklung der oberen Halsmuskulatur werden positiv beeinflusst	• Vorsicht bei Pferden mit sehr leichtem Genick, die zum Sich-Einrollen neigen

	Vorteile	Nachteile
Chambon	• unterstützt durch Öffnen der Ganasche; Korrektur von Pferden, die dazu neigen, zu eng oder in absoluter Aufrichtung zu gehen • deshalb auch besonders bei Pferden mit Schrittproblemen geeignet	• seitliche Begrenzung fehlt • nur für lösende Arbeit geeignet
Halsverlängerer	• tolerierbar, um Reitanfängern (Kindern) die Anfänge zu erleichtern, wenn deren Schulpferde oder -ponys sich gern den Hilfen entziehen, oder ungeübte Reiterhände ohne Halsverlängerer mehr Schaden als Nutzen anrichten würden • Stellung und Biegung/Wendungen besser möglich als mit Ausbindern	• für die Pferdeausbildung kein wirklich geeignetes Mittel

Ein sogenannter „Halsverlängerer" hilft sowohl dem Pferd, eine bessere Grundhaltung zu finden, als auch dem Kind für die Entwicklung eines besseren Reitgefühls.

Gewöhnung an Gurt und Sattel

Ein wichtiger Punkt in der Gewöhnungsphase im Zusammenhang mit dem Longieren ist die Gewöhnung an Gurt und Sattel. Auch Pferde, die schon Vertrauen zum Menschen aufgebaut haben, entwickeln nicht selten Gurtzwang. Um wildem Bocken vorzubeugen, kann es sehr hilfreich sein, dem Pferd einen Gurt in der vertrauten Umgebung der Box, eventuell beim Fressen, anzulegen. So ist es von einem potenziell beängstigenden Gefühl abgelenkt; eine Methode, die dann mit dem Sattel als Steigerung genauso gut funktioniert. Am Ende ist alles, was den Aufbau von Spannung vermeidet, gut und richtig.

Bei den ersten Longierversuchen mit dem gesattelten Pferd auf dem Longierzirkel ist es sehr hilfreich, das Pferd ein wenig um die eigene Achse zu wenden, bevor die eigentliche Zirkellinie angestrebt wird, um bei doch etwaig aufkommender Spannung die Kontrolle zu behalten. Wenn es trotz aller Bemühungen, Spannung zu vermeiden, dann an der Longe doch zum Bocken kommt, ist es natürlich richtig, das Pferd energisch nach vorn zu schicken, wobei ein Helfer immer hilfreich sein kann. Herunterhängende Steigbügel oder klappernde Sattelblätter sind dabei ein vollkommenes No-Go, weil diese den Fluchtreflex auslösen, den ich gar nicht gebrauchen kann, wenn ich Vertrauen aufbauen möchte. Dieses häufig in diesem Zusammenhang zu beobachtende „Auskitzeln“, also die vermeintliche Desensibilisierung, die bei den meisten Pferden nach dem Müdemachen entsteht, aber aus meiner Sicht das Vertrauen zum Ausbilder untergräbt, macht sensible Pferde nur spannig und unsensible nur noch stumpfer.

Vor dem eigentlichen Anreiten kann nach entsprechend etablierter, ruhiger Longenarbeit durch ein vorsichtiges Auf-den-Sattel-Legen mit dem Oberkörper eines leichten Reiters das erste Aufsitzen vorbereitet werden. Wie lange man sich mit dem Anreiten Zeit lässt, ist immer unterschiedlich.

Junge, wenig trainierte Pferde werden schneller müde, und somit ist es durchaus sinnvoll, mit dem Anreiten nicht zu lange zu warten. Andererseits muss ich dem Pferd genügend Zeit geben, Vertrauen und Gelassenheit zu finden.

Training bringt jedoch einen Zuwachs an Kraft, und diese Kraft kann vom Pferd zur Abwehr gegen den Reiter verwendet werden. Deswegen gebe ich den Hinweis auf das richtige Maß, das es zu finden gilt: nicht zu kurze, aber auch nicht zu lange Vorbereitung – auch hier ist wieder Balance gefragt.

5 *Das Anreiten*

Eigentlich sollte spätestens seit Monty Roberts die Zeit des „Brechens" wild bockender Pferde vorbei sein, dennoch sind diese Bilder immer noch zu beobachten. Dabei geht es in der Regel bei entsprechendem Geschick und Grundwissen viel einfacher und vor allem ohne Trauma für Pferd und Reiter.

Voraussetzungen

Das Pferd geht an der Longe sicher auf Kommando, das Umfeld ist ruhig, die Reithalle geschlossen, der Reiter ist erfahren und möglichst leicht.

Positive Erfahrung

Das an den Sattel gewöhnte Pferd geht – zunächst noch ohne Reiter – neben einem sicheren, älteren Pferd als Handpferd. Dabei gewöhnt sich ein junges Pferd recht gut an die ungewohnte Situation, von einem sich hinten über sich befindenden „Reiter" reguliert zu werden, wobei die Anwesenheit des vertrauten und in der Situation entspannten Artgenossen beruhigend und vertrauenseinflößend wirkt.

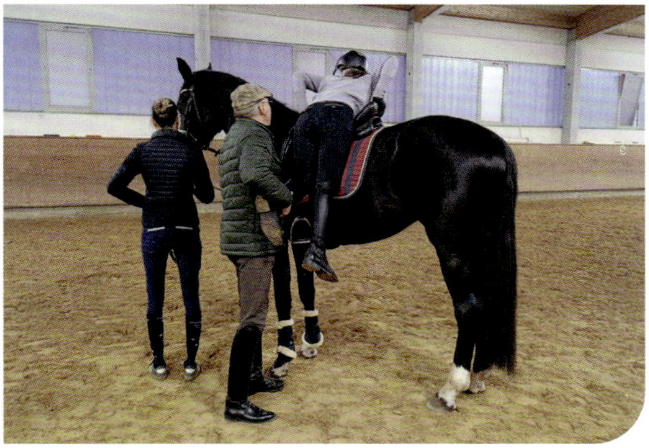

Vor dem ersten Aufsitzen ist es auf jeden Fall ratsam, das junge Pferd gut abzulongieren, damit jegliche Spannung und Übermut vermieden werden; ein **bisschen** müde schadet in diesem Fall nicht. Der Reiter wird vom Longenführer oder einem Helfer langsam auf das Pferd gehoben, mit beruhigenden Worten und leichtem Wenden um die eigene Achse kann dabei Spannung vermieden werden. Darauf folgt das Anführen aus der Wendung heraus und wiederholtes Auf- und Absitzen, ohne das Pferd gleich frei an der Longe gehen zu lassen. Das erhöht die Sicherheit und baut Vertrauen zum Reitergewicht auf. Es ist durchaus sinnvoll, bei aufkommender Spannung abzubrechen, um negative Erfahrung mit dem Reitergewicht zu vermeiden. Nach wenigen Tagen der Gewöhnung auf diese Weise entspannen sich die Pferde, weil außer Lob und Leckerlis nichts weiter passiert. Die Zeit, die man sich hierbei lässt, bekommt man in der Regel doppelt und dreifach zurück.

Für Pferde, die in der Gewöhnungsphase genügend Vertrauen zum Menschen aufgebaut haben, stellt

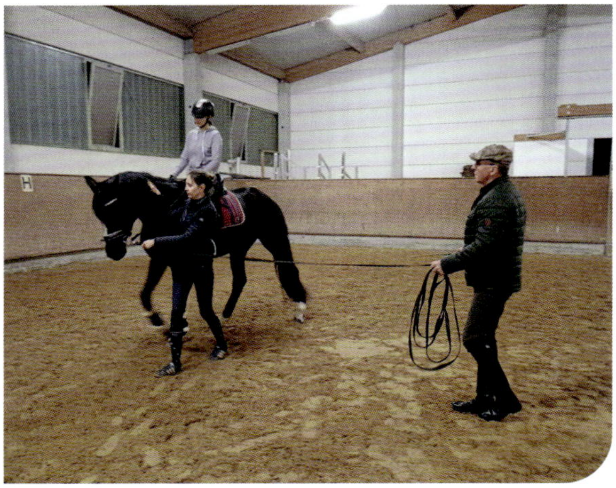

der nächste Schritt, das Longieren mit dem Reiter, kein wirkliches Problem mehr dar. Der Longenführer sollte dabei das Pferd sehr vorsichtig und langsam (wie es vorher geübt wurde) vor die treibende Peitschenhilfe bringen und auf den Zirkel hinauslassen. Die Longe muss dabei kurz genug gefasst werden, um das Pferd bei Spannung abfangen zu können und damit die Kontrolle zu behalten. Der Reiter sollte möglichst ruhig und passiv im Entlastungssitz, wenig einwirkend, sitzen. Manche Reiter ziehen es vor, sich dabei am Vorderzwiesel oder einem daran befestigten Sturzriemen festzuhalten, statt die Zügel in die Hand zu nehmen. Das hat zwar den Vorteil, dass der Reiter sich nicht am Zügel festhält, gibt dem Pferd aber auch die Möglichkeit, bei Spannung, aufkommender Angst und dem dabei einsetzenden Fluchtreflex loszustürmen beziehungsweise loszubocken. Bei leicht anstehendem Zügel dagegen kann ein feinfühliger und geschickter Reiter ein gut vorbereitetes Pferd durchaus in dieser Anfangsphase ein wenig kontrollieren, da der annehmende Zügel mit entsprechendem Kommando – einem langgezogenen „*Hooooh*“ oder Ähnlichem – beim Pferd bereits etabliert ist.

Pferde, die in der Longenarbeit den Ablauf „Schritt – Trab – Galopp“ kennengelernt haben, werden kaum Probleme entwickeln, diese auch mit Reiter auf dem Rücken entsprechend umzusetzen; der Galopp kann natürlich warten, bis die Losgelassenheit des Pferdes im Schritt und Trab unter dem Reiter entsprechend gereift ist. Hier sind die individuellen Unterschiede sehr groß, und man sollte besonders am Anfang der Ausbildung nie vergessen, dass der Galopp die Fluchtgangart der Pferde ist.

Junges Pferd in der „Remontehaltung“ mit sicherer Anlehnung und genügend langem Hals

Entwicklung der reiterlichen Einwirkung

Nachdem der Reiter in der Phase des Anreitens eher sehr passiv bleiben sollte, damit das Pferd keinerlei Ängste und Zwänge entwickelt und seine Aufmerksamkeit in erster Linie beim Longenführer bleibt (der Reiter ist – wie der Sattel auch – einfach nur „da"), kommt mit zunehmender Losgelassenheit und damit Gelassenheit der Zeitpunkt, an dem das Pferd lernen kann, die Hilfen des Reiters zu verstehen und anzunehmen. An anderer Stelle hatte ich bereits angemerkt, dass dem Pferd ja kein Computer eingebaut ist und vielen Anfängern erst klargemacht werden muss, dass das Annehmen der Reiterhilfen keine Selbstverständlichkeit darstellt. Immer wieder beobachte ich, dass selbst bei vermeintlich erfahrenen Reitern zu wenig Verständnis dafür vorhanden ist, dass das Annehmen der Hilfen erst entwickelt werden muss.

Und nun beginnen wir im Grunde ganz einfach mit der „Programmierung". Obwohl später und eigentlich immer wieder darauf hingewiesen wird, dass die treibenden Hilfen über den Zügelhilfen stehen, beginnt die Etablierung der Hilfen beim jungen Pferd an der Longe mit dem bereits erwähnten Stimmkommando *„Hooooh"* des Longenführers und den entsprechend beidseitig annehmendem Zügel des Reiters. Dies erfolgt **so ruhig und bestimmt wie nötig, um die entsprechende Wirkung zu erzielen:** Diese Regel zieht sich vom Anfang bis zum Ende durch die gesamte Ausbildung der Pferde.

Ich musste feststellen, was für erfahrene oder besonders talentierte Reiter das Selbstverständlichste der Welt ist, muss vielen Reitern – die offensichtlich verunsichert sind – erst begreiflich gemacht werden: Wie viel „Anfassen" ist erlaubt? Hat man das Prinzip jedoch erst einmal verstanden, wird „alles" jedoch „ganz einfach":

Der Longenführer gibt das Stimmkommando *„Hoooh"*, der Reiter nimmt die Zügel an, bis das Pferd ruhiger wird, dann wird das Pferd gelobt. Der Longenführer gibt das Stimmkommando für Vorwärts (zum Beispiel ein aufmunterndes *„Komm!"*), gegebenenfalls unterstützt er mit der Peitsche, der Reiter treibt mit dem Schenkel – das Pferd geht vorwärts und wird dafür gelobt. So wird der erste Grundgedanke, nämlich „Gas und

Bremse“ zum Funktionieren zu bringen, erreicht. Dabei ist dem Prinzip **„wenig Einwirkung vom Reiter, aber klares Durchsetzen vom Longenführer“** zu folgen, um das Pferd sensibel für die Reiterhilfen zu halten und ihm beizubringen, auch auf feine Impulse des treibenden Schenkels zu reagieren.

„Reiten ist ein bisschen wie Fahrrad fahren: Man muss genug in die Pedale treten, dann kommt man ins Gleichgewicht.“

Dieser Satz eines bekannten und erfahrenen Ausbilderkollegen hat schon vielen Reitschülern geholfen. Welche Hilfen des Reiters vorrangig eingesetzt werden, richtet sich natürlich nach der Situation, das heißt im Klartext: Pferde, die bereits genügend Ruhe und Gelassenheit gefunden haben, sollten durch immer wieder auffordernde Impulse mit dem treibenden Schenkel an die gleichmäßig führenden Reiterhände herangetrieben werden. Durch diesen sogenannten Zug nach vorn findet das Pferd immer mehr sein Gleichgewicht und lernt, sich mit dem Reitergewicht auszubalancieren. Die Balance besteht aber auch hier wieder aus dem richtigen Maß an Einwirkung, Tempo, Anspruch an das Gehen des Pferdes in der entsprechenden Situation: Immer wieder kann man beobachten, wie Reiter ihre Pferde über Tempo reiten und dadurch Takt und Gleichgewicht wenig fördern, vielmehr gefährden sie sie; im schlimmsten Falle verlieren sie die Kontrolle über ihr Pferd.

Man muss sich klarmachen, dass die alte Ausbilderweisheit **„Man muss zum Treiben kommen“** beinhaltet, dass ein Pferd zunächst ruhig genug geht, um dann einerseits über den Antritt den Takt und Schwung zu verbessern und andererseits durch das Herantreten an das Gebiss die beginnende Anlehnung erreicht wird. Hat sich an der Longe gezeigt, dass ohne viel Unterstützung des Longenführers ein bestimmtes Mindestmaß an Kontrolle durch den Reiter abrufbar ist, steht auch dem ersten freien Reiten in der geschlossenen Reitbahn nichts mehr im Wege.

Die ersten Versuche in der Reitbahn

Am Anfang empfiehlt es sich, die ersten Versuche in der Reitbahn unmittelbar an das Longieren anzuschließen, nachdem die vorher beschriebene Vorgehensweise an der Longe erfolgreich war. Der vorher als Longenführer fungierende Ausbilder steht hierbei für alle Fälle mit seiner Peitsche weiterhin zur Unterstützung zur Verfügung. In der Regel ist das individuelle Arbeiten mit einem Reiter-Pferd-Paar am sichersten und mit dem geringsten Risiko behaftet. Es ist aber durchaus denkbar, mit zwei Pferden oder kleinen Gruppen (drei bis vier Paare) beziehungsweise einem erfahrenen Führpferd zu arbeiten.

Die Pferde sollten sich in diesem Falle jedoch kennen, da es in diesem Ausbildungsstadium nicht immer vermeidbar ist, dass sich die Pferde aufgrund noch nicht ausreichender Kontrollierbarkeit zu nah kommen. Da Pferde in der Gruppe voneinander lernen, kann man die gemeinsame Arbeit in dieser Phase jedoch durchaus für sich nutzen, wenn die Möglichkeit besteht.

Wie so oft in der gesamten Ausbildung ist in dieser Anfangsphase weniger mehr. Dieser Grundsatz gilt ebenso für den zeitlichen Umfang der Arbeit – anfangs 10 bis 20 Minuten und erst später 30 bis 40 Minuten; das gilt auch für den reiterlichen Anspruch, mit dem das junge Pferd konfrontiert wird. Es genügt zunächst völlig, dass sich die jungen Pferde möglichst ruhig und einigermaßen kontrolliert im Schritt und Trab auf einfachen Linien (ganze Bahn, Zirkel, durch die Bahn wechseln) reiten lassen, ohne dass der Reiter es mit der Ausführung zu genau nimmt.

Der Beginn des „An-die-Hilfen-Stellens"

Viele Reiter sind in der Anfangsphase geneigt, im Bestreben nach Perfektion zu viel zu wollen und zu stark einzuwirken. Aus diesem Grund möchte ich hier immer wieder darauf hinweisen, dass dem Reiter in dieser Phase klar sein muss, dass er sich mit dem vermeintlich einfachen „An-die-Hilfen-Stellen" zufriedengeben muss, bevor er an eine vom Reiter vorgegebene mehr oder weniger ideale Haltung, beziehungsweise an Durchlässigkeit denkt.

Das bedeutet konkret:

- Der Reiter stellt durch das Aufnehmen der Zügel einen leichten, federnden Kontakt zum Pferdemaul her, der es ihm ermöglicht, das Tempo nach und nach immer sicherer zu kontrollieren.
- Die vorwärtstreibenden Schenkel werden je nach Bedarf mehr oder weniger treibend (eventuell mit Unterstützung der Gerte unmittelbar hinter dem Schenkel) eingesetzt, sodass nach und nach ein abrufbares, sicheres Vorwärtsgehen erreicht wird (Gehfreude erhalten beziehungsweise entwickeln).
- Bei genügend aufgebautem Vertrauen werden einfachste Bahnfiguren wie Zirkel, ganze Bahn, durch die ganze Bahn wechseln in bescheidener Genauigkeit erarbeitet. Mit anderen Worten könnte man vereinfacht formulieren: Gas – Bremse – Lenkung einstellen.

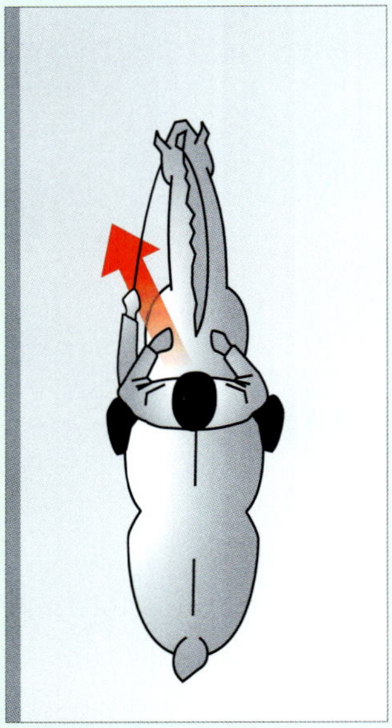

Seitwärtsweisender Zügel, um das Pferd außen zu halten

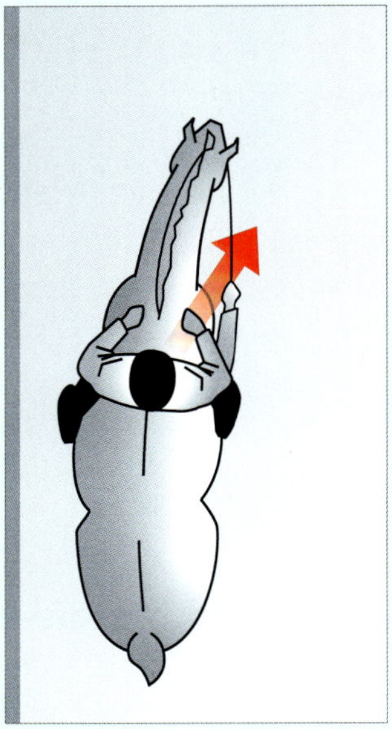

Seitwärtsweisender Zügel zum Abwenden

Der reiterliche Grundsitz ist dabei der Entlastungssitz, der sich in seiner Eigenschaft mal mehr oder weniger entlastend oder belastend entsprechend der jeweiligen Anforderung verändert: entlastend bei aufkommender Spannung, belastend, um mehr Wirkung der treibenden Hilfen zu erreichen.

Das übereifrige Pferd kann durch Abwenden auf den Zirkel abgefangen und das Vorwärts durch das Geradeaus an der langen Seite gefördert werden. Dabei sind seitwärtsweisende Zügelhilfen – innen beim Abwenden auf den Zirkel sowie außen beim Halten auf dem Hufschlag – sehr sinnvoll. Sie schulen das Gefühl.

WICHTIG: Die Themen Anlehnung und Durchlässigkeit stehen an dieser Stelle der Ausbildung noch nicht so stark im Fokus!

Viel zu früh machen unerfahrene Reitlehrer in dieser Phase Bilder vom „richtigen Reiten" zum Maß aller Dinge und legen damit nicht selten die Grundlage für Zwang und Missverständnisse zwischen Reiter und Pferd und für eine Überforderung beider Parteien. Um dem vorzubeugen, hilft an diesem Punkt in erster Linie der erfahrene Ausbilder, der im Grunde für jeden Reiter unerlässlich ist, um den richtigen Weg zu finden. Aber auch das Longieren (mindestens einmal wöchentlich) ist hilfreich, um den Blick auf Bewegungsablauf und Haltung des Pferdes zu schulen.

Die Balance zwischen Fördern und Fordern bedeutet zu fordern, ohne zu überfordern.

Bereits in dieser Ausbildungsphase zeigt sich, wie unterschiedlich veranlagt Pferde sind. Das gilt gleichermaßen in Bezug auf die geistigen (Intellekt) als auch für die körperlichen Voraussetzungen; letztere hängen auch immer mit dem Exterieur der Pferde zusammen. Deshalb ist es bei der Pferdeausbildung immer schwierig, mit festen Zeiträumen zu arbeiten. Während sich die talentierten „Musterschüler" in einem zeitlichen Rahmen, angelehnt an die Anforderungen bei den Bundeschampionaten entwickeln (drei- bis vierjährig Reitpferdeprüfung, fünfjährig leichte L-Dressurprüfungen und sechsjährig bereits Dressurpferdeprüfungen der Klasse M), muss sich jeder Ausbilder normaler oder gar weniger talentierter Pferde den Möglichkeiten von Reiter und Pferd entsprechend mehr Zeit lassen.

Die zahlreichen unterschiedlichen Probleme, die sich in der Ausbildung junger Pferde zeigen, lassen sich kaum in einem Buch beschreiben – zumindest in keinem, welches es sich vorgenommen hat, Schwerpunkte zu setzen und Klarheit zu schaffen. Trotzdem möchte ich den Versuch unternehmen, einige Lösungswege für die wichtigsten Grundfragen der Ausbildung aufzuzeigen, denn trotz unterschiedlicher Veranlagung und unter Berücksichtigung der Individualität von Reiter und Pferd ist eine gute Systematik – also ein guter Plan – die beste Grundlage erfolgreicher Ausbildung.

6 Auf dem Weg zur Klasse A: Die Grundausbildung

Nahla Kopper mit Delgado, fünfjähriger Wallach von De Niro

Um weniger erfahrenen Reitern ein Grundgerüst beim Reiten zu geben, hat sich eine Systematik entlang des Aufbaus einer Reitstunde, also eine Unterrichtsverlaufsplanung bewährt.

6.1 Schrittarbeit

Schritt reiten circa 10 Minuten im natürlichen Schritt: ganze Bahn/durch die ganze oder halbe Bahn wechseln, Zirkel

Schwerpunkt „Takt“:
Der Erhalt beziehungsweise das Herstellen des Taktes ist oberstes Gebot. Der Reiter muss sehr viel Wert darauf legen, dass sich durch seine Einwirkung der Takt in den drei folgend aufgeführten Varianten nicht negativ verändert.

a) Schritt am langen Zügel
Reiten an leichter Hand, Eingehen in die Nickbewegung

b) Schritt am hingegebenen Zügel
... zur Beurteilung des natürlichen Schrittes, der der Veranlagung des Pferdes entspricht.

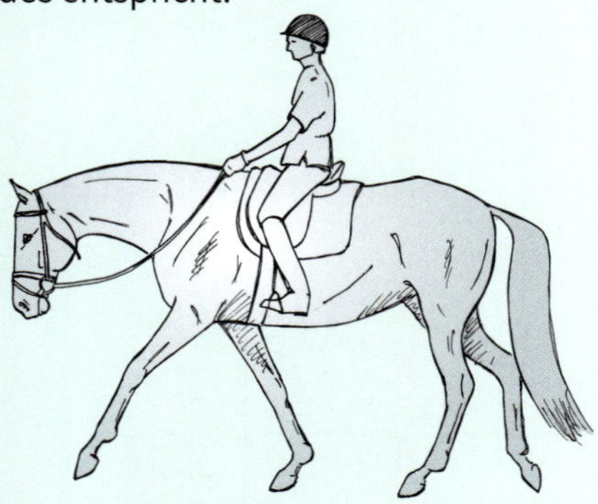

c) Schritt beim An-die-Hilfen-Stellen

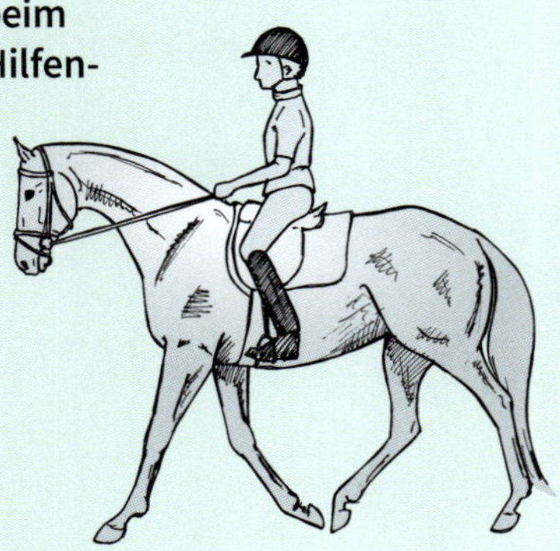

... zunächst an die Hilfen stellen, später durchs Genick reiten:

Das An-die-Hilfen-Stellen beginnt mit der Temporegulierung beziehungsweise der Kontrolle auf einfachen Linien. Der Reiter muss lernen, den Takt des Pferdes zu erhalten beziehungsweise zu fördern.

Daraus ergibt sich die wichtige Erkenntnis: Es gibt nicht nur **ein** richtiges Zügelmaß, sondern der Wechsel des Zügelmaßes im Zusammenhang mit der entsprechenden Situation ist entscheidend, um immer mehr Abrufbarkeit von Takt, Tempo und Rahmen (Anlehnung) zu erreichen. In diesem Zusammenhang sei erwähnt, dass es leider nicht immer zutrifft, dass alle Pferde am hingegebenen Zügeln sauber im Takt gehen: Es kann schon beim Mustern von Pferden, die noch nie gearbeitet wurden oder einen Reiter getragen haben, eine Taktgefährdung beobachtet werden. Diese **Taktgefährdung** dann unter dem Reiter zu korrigieren beziehungsweise ganz abzustellen, erfordert ein sehr hohes Maß an Erfahrung und Geschick und ist bedauerlicherweise nicht immer mit der Aufforderung „Lass die Zügel lang/länger", die trotzdem immer die erste Maßnahme darstellt, zu beheben. Um den notwendigen Einfluss auf den Takt zu nehmen, ist der Erhalt beziehungsweise die Erarbeitung der Losgelassenheit ein weiterer Schwerpunkt.

Schwerpunkt „Losgelassenheit":
Am einfachsten ist es immer, wenn in der vorangegangenen Arbeit genügend Vertrauen und entsprechende Gelassenheit hergestellt wurden. Diese gilt es in erster Linie bei der weiteren Arbeit zu erhalten. Deshalb ist es unerlässlich, ununterbrochen das Reitergefühl für den Zusammenhang zwischen Takt, Losgelassenheit und reiterlicher Einwirkung zu schulen. Nicht zuletzt sind die Umwelteinflüsse zu beachten, die es dem Pferd ermöglichen, sich auf die Ausbildung zu konzentrieren.

Prüfstein für die Losgelassenheit: Zügel aus der Hand kauen lassen

Zügel aus der Hand kauen lassen

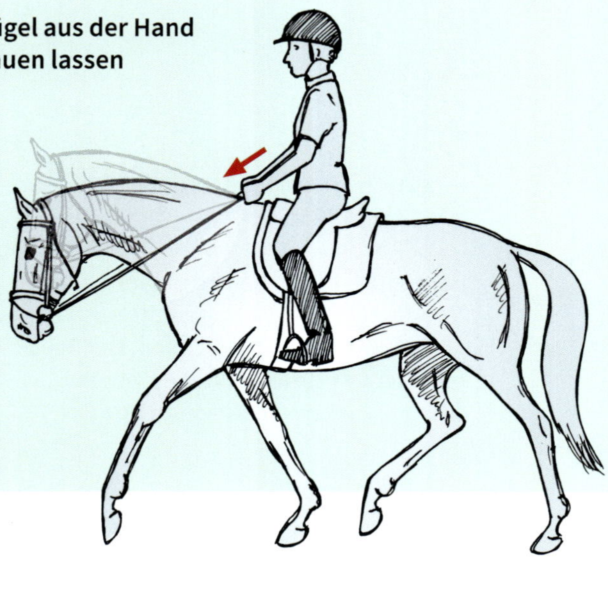

- Reiten an den Hilfen
- Takt halten
- Tempo halten
- allmähliche Rahmenerweiterung
- Anlehnung in Richtung vorwärts-abwärts bis Höhe Buggelenk

Gedanken zur Durchlässigkeit

Die **Durchlässigkeit** des Pferdes zu erarbeiten, ist natürlich das Hauptziel der gesamten Ausbildung. Der Weg dorthin wird durch die Skala der Ausbildung vorgezeichnet. Leider musste ich feststellen, dass es – vorsichtig ausgedrückt – jedoch sehr häufig sehr eigene Vorstellungen zum Erreichen der Durchlässigkeit in der Arbeit mit Pferden gibt.

In aller Regel versuche ich, wenn ich das erste Mal von Reitschülern gerufen werde, mir zunächst einen Eindruck ihrer selbstständigen Arbeit zu machen. Dann muss ich erleben, wie Reiter ihre Pferde völlig planlos und unstrukturiert arbeiten. Für einen Außenstehenden ist nicht erkennbar, woran da eigentlich gerade gearbeitet wird. Auf Nachfrage kommt häufig nur die Antwort: „Der lässt heute mal wieder gar nicht los!“ Um es für den Reiter auf den Punkt zu bringen, erwidere ich dann: „Wenn ich beim Beobachten nicht erkennen kann, woran du arbeitest, dann versteht dich dein Pferd mit Sicherheit auch nicht.“

Das bedeutet einerseits, es sind durch den Reiter für das Pferd klare, verständliche Strukturen zu schaffen und diese durch einfache Wiederholungen abrufbar zu machen.
Andererseits halte ich es für den Reiter für enorm wichtig und hilfreich, aus den Reaktionen des Pferdes Rückschlüsse für die Richtigkeit der eigenen Einwirkung zu ziehen – also am Gehen des Pferdes und dem Gelingen oder Nicht-Gelingen der jeweiligen Lektionen (Vorsätze) abzulesen, welche Hilfe das Pferd gerade „nicht durchlässt“ und mit welcher konkreten Maßnahme die erwünschte Durchlässigkeit am besten erreicht werden kann.

Viel zu häufig versuchen Reiter – und auch wenig erfahrene Ausbilder – eine Art „Durchlässigkeit“ planlos und nicht selten durch Grobheit zu erzwingen. Diese können die betreffenden Pferde häufig gar nicht leisten, sei es aufgrund von Exterieurproblemen, aus mangelnder Kraft oder wegen schwieriger Umweltverhältnisse.

Die Vielschichtigkeit eventuell auftretender Probleme kann und möchte ich hier nicht darstellen, jedoch den Versuch wagen, im Folgenden einige wichtige Grundstrukturen aufzuzeigen, die sich – aufbauend auf der Ausbildungsskala – bewährt haben.

6.2 Trabarbeit

Die Trabarbeit ist aus mehreren Gründen für die Hauptdurchlässigkeitsarbeit am besten geeignet: Zum einen kommt man dem Bewegungsdrang eines jungen Pferdes entgegen, zum anderen ist der Trab als Zweittakt relativ störungsunempfindlich. Im Gegensatz zum Schritt, der besonders bei vermehrter Einwirkung schnell problematisch werden kann, und zum Galopp, der gerade beim jungen Pferd oft noch als Fluchtgangart besetzt ist, ist der Trab für den Reiter leichter kontrollierbar.

Die ersten Schwerpunkte: Taktfindung, Anlehnung, Vorwärts-Abwärts

Schwerpunkt: Taktfindung im Arbeitstempo
Voraussetzung: das Annehmen der treibenden Hilfen, gleichzeitig das Annehmen des Gegenspielers, das heißt der Zügelhilfen

Durch falsche Einwirkung verspanntes, sich festhaltendes Pferd

Was sehr häufig als Zusammenspiel der Hilfen beschrieben wird, führt offensichtlich bei nicht wenigen Reitern zu dem Missverständnis, dass damit – überspitzt gezeichnet – „vorn halten, hinten quetschen" gemeint ist.

Aus diesem Grund hat es sich nach meiner Erfahrung bewährt, die Wirkung der Hilfen mehr oder weniger einzeln beziehungsweise im Wechselspiel zu beschreiben beziehungsweise abzufragen. Dies kann und sollte jeder Reiter lernen, um richtig beurteilen zu können, welche seiner Hilfen gerade vom Pferd nicht angenommen wird, also „nicht durchkommt": die treibende oder die verwahrende, zurückführende Hilfe. Gerade in dieser Phase der Ausbildung bedeutet das konkret, zuerst Takt und Tempo zu kontrollieren und dabei mit seinen Ansprüchen sehr bescheiden zu bleiben.

Nachdem die Pferde die treibenden Hilfen immer sicherer annehmen, sich auf einfachen Hufschlagfiguren arbeiten lassen und dabei gelassen bleiben, kommt nun der **eigentlichen Durchlässigkeitsarbeit** mehr und mehr Bedeutung zu. Auch wenn die Skala der Ausbildung eine klare Reihenfolge der Punkte Takt, Losgelassenheit, Anlehnung, Schwung, Geraderichtung und Versammlung vorgibt, an denen sich jeder Ausbilder und Reiter orientieren sollte, muss einem klar sein, wie sehr sich die einzelnen Punkte wechselseitig beeinflussen und dass man sie somit nicht losgelöst voneinander betrachten kann.

Schwerpunkt: Entwicklung der Anlehnung!

Ganz besonders beim Punkt Anlehnung, der nun in der weiteren Arbeit als Schwerpunkt hinzukommt, sind reichlich Probleme vorprogrammiert: Wie die Anlehnung in Perfektion auszusehen hat, weiß jeder; wie sie jedoch erreicht wird, darüber wird heftig diskutiert. Die bekannten Leitsätze wie „Mit den treibenden Hilfen an die verwahrende Reiterhand" oder „Anlehnung wird vom Pferd gesucht und vom Reiter gestattet" beschreiben zwar, wie es korrekterweise sein sollte, helfen aber leider den vielen Reitern, die sich mit den verschiedensten Anlehnungsproblemen konfrontiert sehen, nicht wirklich weiter. Ebenso wenig wie die bekannten Bilder von fehlerhafter Anlehnung, die eben nur zeigen, wie es *nicht* sein soll. Aus meiner Sicht ist es wichtig, gerade im Zusammenhang mit der Anlehnung darauf hinzuweisen, dass es – wie bei der gesamten Ausbildung von Pferden – um einen **Entwicklungsprozess** geht, nicht um ein statisches Bild. Jeder, der schon einmal versucht hat, Fotos von sich bewegenden Pferden, egal ob mit oder ohne Reiter, aufzunehmen, weiß, wie schwierig sich das gestaltet – erst recht, wenn es um ansprechende Bilder geht, die zur Veröffentlichung geeignet sind. Erfahrene Ausbilder,

Angestrebte korrekte Anlehnung

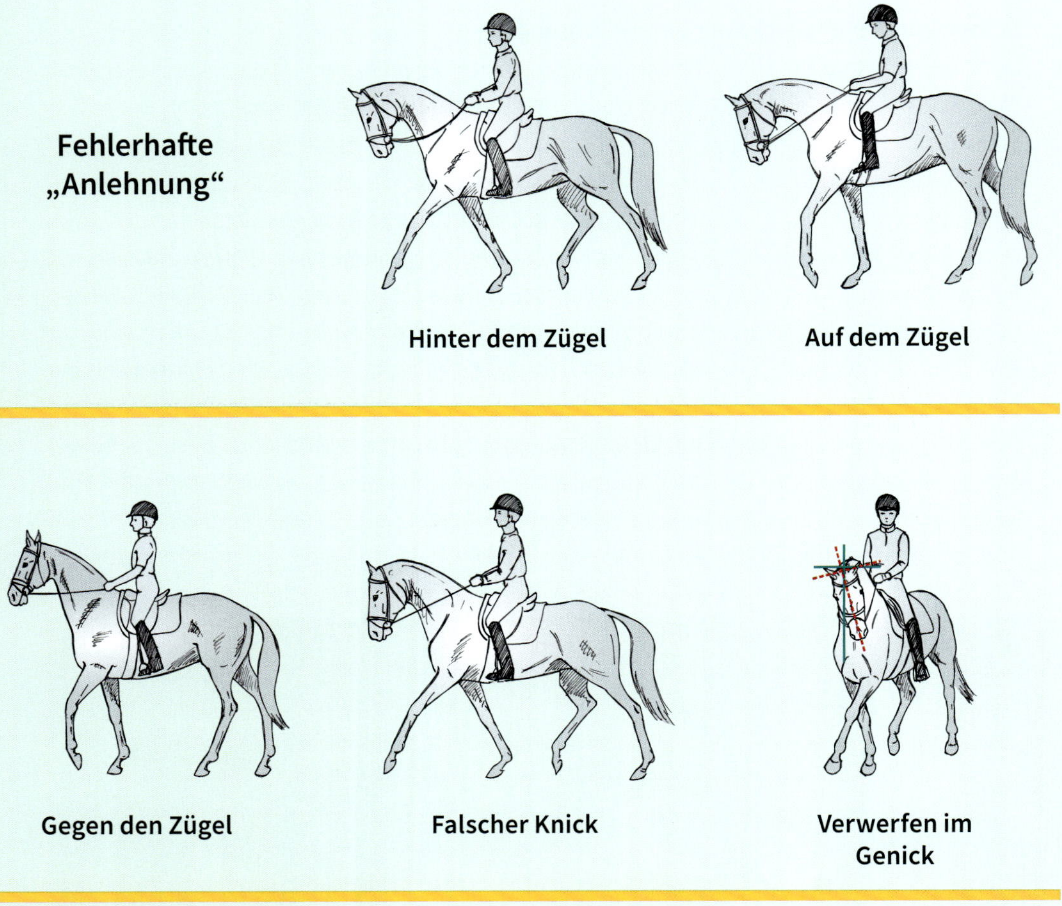

ebenso wie gute Richter, die selbst ausgebildet haben, wissen diesen Umstand richtig einzuschätzen. Viel zu häufig stößt man jedoch auf regelrecht vernichtende Aussagen von vermeintlichen Fachleuten, die sich nur an förmlichen Bildern wie „zu eng“, „nicht stabil“, „hinter der Senkrechten“ oder „über dem Zügel“ usw. orientieren. Natürlich ist es wichtig, diese förmlichen Fehler zu (er)kennen, dem Reiter sind sie jedoch nur mit der entsprechenden Hilfestellung, wie der Fehler zu beheben ist, nützlich. Dabei braucht es Zeit! Und leider helfen „Tricks“ – „Mach mal so oder so“ – eher selten, beschleunigen nicht die Entwicklung und verkürzen nicht den Weg des Ausbildungsprozesses.

Hier nun ein Versuch, dieses schon in der Praxis schwierige Thema in Worte zu fassen, die konkret beim Reiten nützen: *Mit den treibenden Hilfen an die verwahrende Reiterhand* – ja, aber wie intensiv?

Zuallererst hilft auch hier eine Regel, die in so vielen Situationen bei der Pferdeausbildung zutrifft: **So viel wie nötig – so wenig wie möglich:**

- **So viel wie nötig** – damit ein stetiger Kontakt zu beiden Zügeln hergestellt wird.
- **So wenig wie möglich** – damit es zu keiner Abwehrreaktion kommt.

Was soll nun daraus entstehen? Gewünscht ist ein Herantreten von hinten zum Gebiss und vom Gebiss zurück – das heißt, das Pferd nimmt die annehmenden Zügelhilfen an, indem es sich nicht gegen die Reiterhand wehrt, sondern losgelassen bleibt und die Zügelhilfen ein wenig kürzertretend umsetzt, also „durchlässt“.
Wie komme ich dabei zur oft zitierten Vorwärtstendenz, wo doch die Zügel nicht rückwärts wirken sollen? Indem ich, sobald das Pferd auf die annehmenden Zügelhilfen reagiert, mit gleichzeitig Kontakt haltender, aber auch vorfühlender Hand und taktvollem Weitertreiben reagiere.

Der Autor und Desdemona, Mecklenburger Stute von De Niro x Monsun, in altersgemäßer Selbsthaltung beim Leichttraben (Reitpferdeprüfung Bundeschampionate Warendorf 2004)

Schwerpunkt: Vorwärts-Abwärts als Grundlage für das „Über-den-Rücken-Gehen"
Damit junge Pferde losgelassen bleiben, ist die Suche nach dem Vorwärts-Abwärts als Grundlage für ein reelles Über-den-Rücken-Gehen mit dem Vorfühlen der Reiterhand unbedingt immer wieder anzustreben! Dabei ist es sehr hilfreich, ein Wechselspiel zwischen intensiverem Heranhalten (treibende Hilfe an die verwahrende Reiterhand) und einigen entspannenden Takten mit vorfühlender Reiterhand zu entwickeln. Dabei lernt das Pferd, sich mit dem Zügel „anfassen" zu lassen, die Einwirkung der Reiterhand also zu akzeptieren.

Die in diesem Zusammenhang leider immer wieder von Reitausbildern zu hörende Anweisung, „gegenzuhalten, bis das Pferd nachgibt", ist dagegen kontraproduktiv. Sie führt zum Aufbau falscher Halsmuskulatur (Unterhals) und zu ihrerseits gegenhaltenden, „starken" Pferden.

Prüfstein: Zügel aus der Hand kauen lassen

Die Lektion **„Zügel-aus-der-Hand-kauen-Lassen"** beinhaltet drei Schwerpunkte, an denen wir in dieser Phase der Ausbildung arbeiten:

1. Takterhalt
2. Abrufbarkeit des Vorwärts-Abwärts
3. (Ruhig-)Halten des Tempos trotz vorfühlender Reiterhand

Leider reagieren auch bei korrekter Einwirkung seitens des Reiters nicht alle Pferde in gleicher Weise auf die Hilfen, sodass es immer etwas Geduld, aber auch eine gute Portion Überzeugungskraft und Geschick braucht, diese drei Punkte zuverlässig abrufbar zu machen. Das bereits in der Vorbereitung nützliche fachgerechte Longieren (gegebenenfalls unter Einsatz von das Vorwärts-Abwärts fördernden Ausbindern, also in der Regel Dreieckszügeln) kann immer wieder die Arbeit unter dem Sattel sinnvoll ergänzen.

Auch das Abkauen-Lassen ist immer wieder hilfreich.

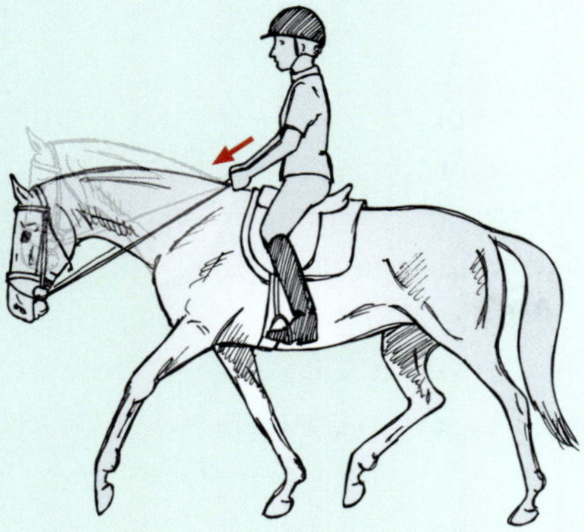

„Zügel-aus-der-Hand-kauen-Lassen“

Der Einsatz von Hilfszügeln ist in der Regel erst nötig, wenn bei anhaltender Stagnation und trotz Hilfe eines erfahrenen Ausbilders dieser dazu rät. Hat das Pferd sich erst einmal angewöhnt, sich den Hilfen zu entziehen, wird eine Korrektur immer schwieriger. Also wehret den Anfängen.

An dieser Stelle möchte ich noch einige Gedanken zum Vorwärts-abwärts-Reiten vermitteln, denn häufig begegnen mir auch hier zwei sich streitend gegenüberstehende Lager. Während die einen das Thema ignorieren, es als gesundheitsschädlich oder gar als Zwang für das Pferd deklarieren – was es ja genau nicht beinhaltet –, stehen auf der anderen Seite die „Vorwärts-Abwärts-Fanatiker“, die manchmal den Eindruck vermitteln, Vorwärts-Abwärts sei ***das*** Ausbildungsziel. Offenbar haben beide Lager nicht verstanden, dass mit dem Vorwärts-Abwärts vor allem die Entspannung und die im Wort „Losgelassenheit“ enthaltene „Gelassenheit“ erreicht wird (beziehungsweise die mit den für das Zügel-aus-der-Hand-kauen-Lassen verlangten Kriterien geprüft werden).

Deswegen lautet meine kurze Stellungnahme dazu: Ja, Vorwärts-Abwärts ist eine wichtige Grundlage für

- die Gesundheit des Pferdes,
- die Losgelassenheit,
- die Durchlässigkeit,
- den schwingenden Pferderücken,
- das Durch-den-Körper-Gehen

… aber eben „nur eine“ Grundlage, auf der die weitere Ausbildung aufbaut.

Also darf das korrekte Vorwärts-Abwärts nicht als Selbstzweck, sondern sollte als entscheidende Grundlage gesehen werden. Zu der kehrt man bei auftretenden Problemen zurück, um die in meiner Aufzählung genannten Punkte in den Ansätzen wiederherzustellen. Um in der Ausbildung des Pferdes voranzukommen, bilden Balance und Gleichgewicht zunehmend das Ausbildungsziel, denn das Pferd muss zum Erreichen höchster Ausbildungsziele wie Piaffe oder Pirouette ebenfalls über den Rücken gehen und nicht nur, wenn „der Kopf unten“ ist.

Übergänge

Bei der Erarbeitung der ersten Schwerpunkte für die zunehmende Durchlässigkeit ist besonders das richtige Verständnis des Reitens von **Übergängen** notwendig. In dieser Phase der Ausbildung ist hierbei zwar noch Bescheidenheit gefragt, allerdings gepaart mit einem gesunden Maß an Durchsetzungsvermögen. „Übergänge verbessern die Durchlässigkeit" – diesen Satz kennt jeder Reiter. Er ist aus meiner Sicht sehr richtig, aber eben auch sehr allgemein.

Da wir am Anfang der Ausbildung sind, ist es wichtig zu wissen: Womit beginne ich? Natürlich vom Leichten zum Schweren! Da wir uns in der Trabarbeit befinden, empfiehlt es sich, innerhalb dieser Gangart je nach Ausgangssituation

- ruhiger Trab: fleißiger → wieder ruhig
- übereifriger Trab: ruhiger → wieder fleißiger (ohne Übereifer)

Ziel ist es, auf das Pferd einzuwirken, Takt, Losgelassenheit und Anlehnung zu entwickeln. Je mehr sich Takt, Losgelassenheit und Anlehnung stabilisieren, desto mehr lassen sich die angesprochenen Übergänge ausbauen: Im Vorwärts wird aus mehr Fleiß die Schwungentwicklung bis hin zum Tritte-Verlängern, jedoch ohne dabei gleich die ganze lange Seite durchhalten zu wollen. Aus der Rückführung zum Grundtempo wird in der Weiterentwicklung das Durchparieren, erst zum Schritt und bei zunehmendem Gleichgewicht und eben fortschreitender Durchlässigkeit das Halten hinzugenommen.

An dieser Stelle ist es sinnvoll, einige Hinweise zum richtigen Treiben zu geben. Sehr häufig begegnet mir die Situation, dass Reiter mit ihren treibenden Hilfen nicht genügend durchkommen. Der Reitlehrer gibt in der Regel zwar immer wieder den dann richtigen Hinweis, „mehr" zu treiben, aber in meiner Erfahrung ist es in diesem Zusammenhang überaus wichtig, dem Reiter begreiflich zu machen, dass es in der Pferdeausbildung sehr bedeutsam ist, die prompte Wirkung der Hilfen einzufordern! Aus dieser Herangehensweise erklärt sich dann auch der Einsatz von Sporen und Gerte: Es muss klar sein, dass es nicht um mehr Krafteinsatz, sondern um eine Sensibilisierung geht. Damit meine ich konkret, dass der Reiter lernen muss, zu erkennen, ob sein Pferd auf das Treiben sicher reagiert, und wenn nicht, diese Reaktion sofort mit dem nötigen Durchsetzungsvermögen den gewünschten Gehorsam (notfalls eben mit Sporen oder Gerte) einfordert. Nach entsprechender Reaktion auf die treibende Hilfe sind dann wieder das deutlich passive Sitzen und Einwirken sehr wichtig, um sowohl die eigenen Kräfte als auch die des Pferdes nicht zu überfordern.

Dabei ist in der Ausbildung die positive Bestätigung durch das Lob für das Pferd ein immer wiederkehrendes Erfolgsrezept.

Ein so ausgebildetes (erzogenes) Pferd lernt, immer sensibler und leichter auf die Hilfen zu reagieren. Auch hier gilt wieder der Merksatz: „So viel wie nötig, so wenig wie möglich."

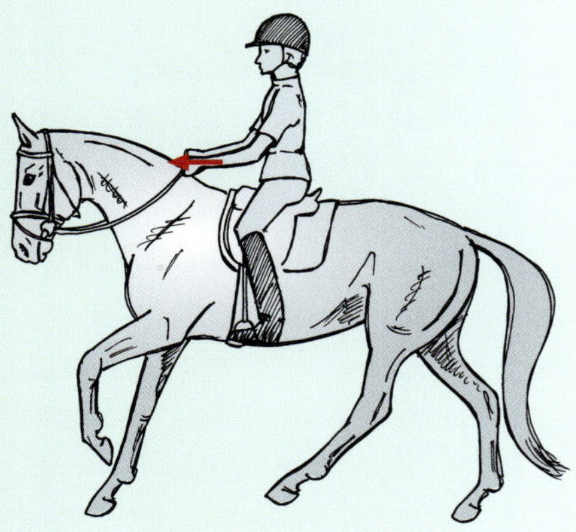

„Zügel-Überstreichen"

Balance ist die Grundlage für alles Weitere Prüfstein: Zügel überstreichen

Wenn in der beschriebenen Durchlässigkeitsarbeit die Punkte Takt, Losgelassenheit und Anlehnung mehr und besser abrufbar sind, wird das „Vorwärts-Abwärts" (überprüfbar durch korrektes Zügel-aus-der-Hand-kauen-Lassen) durch einige Takte des weiteren Prüfsteins **Zügel-Überstreichen** ergänzt. Neben dem Erhalt von Takt und Tempo bei vorfühlender Reiterhand sollte hierbei auch mehr und mehr eine beginnende Selbsthaltung erreicht werden. Diese – zuerst auf der Zirkellinie – zu erarbeiten und einige Takte zu halten, sollte jeder Ausbilder als Prüfstein eines beginnenden Gleichgewichts als Schwerpunkt und wichtige Voraussetzung zur Erarbeitung von Lektionen verstehen.

Schwungentwicklung

Gerade im Zusammenhang mit der nun beginnenden Schwungentwicklung fällt in Unterhaltungen sehr häufig der Satz: „Den Schwung kann man ja herausreiten." Wenn das nur so einfach wäre! Zu häufig ist hingegen zu beobachten, dass veranlagte (und teilweise entsprechend teuer bezahlte) junge Pferde im Laufe ihrer Ausbildung ihren einstigen Glanz verlieren, weil der Schwung im umgedrehten Wortsinn „herausgeritten", also weggeritten wurde.

Deshalb ist es sehr wichtig, bei der Erarbeitung der ersten drei Schwerpunkte der Ausbildungsskala – Takt, Losgelassenheit, Anlehnung – das Hauptaugenmerk auf die Balance als Grundlage zu richten.

Als vor einigen Jahren in einer der sich immer wieder einmal geänderten Versionen des St. Georgs (S-Dressur) der Mitteltrab an der offenen Zirkelseite verlangt wurde, hat diese Lektion bei vielen S-Reitern zu offenem Unmut und sogar Beschwerden geführt, weil sie ihnen misslang: Die Aufgabenstellung „Schwungentwicklung auf der gebogenen Linie" entlarvt deutlich, welches Pferd reell in gutem Gleichgewicht die geforderten Kriterien Takt, Losgelassenheit, Anlehnung und Schwung zeigt oder aber überfordert und unausbalanciert mit Anlehnungsproblemen, Taktfehlern und/oder mit Stürmen bis hin zum Angaloppieren reagiert.

Natürlich ist die gerade Linie – also die lange Seite und später die Diagonale – zur Schwungentwicklung zunächst auch wichtig, und es ist ratsam, sie zu nutzen. Wenn die jungen „Frischen" sich selbst noch nicht immer gut ausbalancieren können, und die Reiter auch häufig zu viel Verstärkung fordern (nicht zuletzt, weil sie gehört haben, dass junge Pferde vorwärts geritten werden sollen), kann dem durch wechselnde Arbeit von Reiten auf dem Zirkel und an der langen Seite (oder umgekehrt: von der langen Seite auf den Zirkel) gegengewirkt und dadurch Taktmäßigkeit, Losgelassenheit und Anlehnung immer mehr vervollkommnet werden. (An dieser Stelle kommt wie selbstverständlich auch die Geraderichtung ins Spiel – dazu an anderer Stelle mehr.) Wenn es dann gelingt, im Arbeitstempo auch immer wieder ein Zügel-Überstreichen einzubauen, erhält man ein gut ausbalanciertes Pferd, das sich trägt und dem Reiter ein immer besseres Reitgefühl vermittelt.

„Die Lektionen werden dem Reiter wie reife Früchte in den Schoß fallen."

Dem nahezukommen, ist natürlich erklärtes Ziel der Ausbildung. Zum Erreichen dieses Ziels müssen selbstverständlich noch die Punkte Geraderichtung und Versammlung dazukommen: Diese sind jedoch in der ersten Phase, der Grundlagenarbeit auf dem Weg zur Klasse A, noch kein Schwerpunkt und werden deswegen im Kapitel „Auf dem Weg zur Klasse L" besprochen.

Beim Zügel überstreichen lernt der junge Reiter auf dem erfahrenem Pferd unabhängig von der Hand zu sitzen.

Die Entwicklung der beginnenden Versammlungsfähigkeit, wie sie beim Reiten einfacher Übergänge beschrieben wurde, spielt dennoch zunehmend eine Rolle. Dabei sei noch einmal auf die sogenannte Vorwärtstendenz in den Übergängen hingewiesen, die zwar immer wieder korrekterweise betont, aber meiner Erfahrung nach zu häufig missverstanden wird: Vorwärtsreiten hat **nichts** mit Schnellreiten zu tun, gemeint ist vielmehr der Erhalt von Takt und Anlehnung trotz aufnehmender Zügelhilfen:

- Aufnehmen, bis das Pferd auf die annehmende Zügelhilfe reagiert – das Pferd hat verstanden, dass es aufhören soll zu traben; dann werden jedoch
- mit dem treibenden Schenkel und der Gewichtshilfe einige Trabtritte mehr verlangt, als das Pferd von sich aus anbietet: Die Hinterhand wird dadurch aktiviert heranzutreten, und der Übergang gelingt weich.

Je mehr das Pferd bereit ist, die Paraden ausbalanciert und mit der Hinterhand Last aufnehmend „durchzulassen", desto weniger Anlehnungsprobleme treten auf. Um den Reitern das Prinzip in der Praxis verständlich zu machen, ist der begleitende Hinweis des Ausbilders von unten „*Ruuuhiger* (= halbe Parade) – *ruuuhiger* (= halbe Parade) – *ruuuhiger* (= halbe Parade)" und die Empfehlung, „*einfach aufhören weiterzureiten*" hilfreich, oder mit den Worten Dr. Reiner Klimkes aus einem seiner Lehrfilme entnommen: „*In dieser Phase der Ausbildung dürfen die Übergänge noch auslaufend geritten werden.*"

Wenn die dafür notwendige Ruhe und Gelassenheit beim Pferd erreicht und abrufbar ist, wird es immer einfacher, die Übergänge und den Rückfluss der halben Paraden in taktmäßig federnde Tritte und somit beginnende verbesserte Lastaufnahme innerhalb der Gangart Trab zu erarbeiten: Beginnende Versammlungsbereitschaft entsteht.

6.3 Galopparbeit

Anfangsphase

Da der Galopp in der Natur der Pferde die Fluchtgangart darstellt, sollte man bei der Ausbildung grundsätzlich bestrebt sein, genau diesen Reflex von vornherein gar nicht erst auszulösen, denn ein auf die Reiterhilfen mit Angst oder Flucht reagierendes Pferd ist sicher das Letzte, was man sich als Reiter wünscht. Dies bedeutet, bereits im Schritt und Trab und somit vor den ersten Versuchen im Galopp unter dem Reiter viel Vertrauen aufzubauen. Besonders bei den ersten Galoppversuchen sollte der Reiter deswegen auch tendenziell im Entlastungssitz reiten. Die beruhigende Stimme und wenig reiterliche Einwirkung sind ebenfalls sehr hilfreich, bis der Reiter merkt, dass er auch im Galopp zum Treiben kommt. Eine Zirkelrunde und – wenn diese gelingt – einmal ganze Bahn am Stück im Galopp geritten, sind in der Regel ausreichend, um anschließend im Trab möglichst schnell wieder zur Ruhe zu kommen und durch Loben dem Pferd deutlich zu machen, dass alles gut und Aufregung unnötig ist.

Bei sehr ruhigen oder faulen Pferden ist in der Anfangsphase die Hilfe des Ausbilders am Boden mit der Longierpeitsche sinnvoll, damit eine übermäßige Einwirkung des Reiters, die ein Abstumpfen des Pferdes fördert, vermieden wird. Geschickt ist es auch, in dieser Anfangsphase die Angebote der jungen Pferde anzunehmen und mit Lob zu begleiten: Jeder erfahrende Ausbilder wird bestätigen, dass eine durch Lob erreichte Verständigung zwischen Mensch und Tier fruchtbarer ist und abrufbarer wird als eine durch massive Einwirkung oder gar Strafe herbeigeführte. Trotzdem sind Klarheit und

Durchsetzungsvermögen beim Einfordern einer Reaktion für die Entwicklung des nötigen Gehorsams genauso wichtig: So gilt es auch hier wieder, eine Balance aus beidem zu finden. Während des ganzen Prozesses ist mir als Reiter die Hilfe des Ausbilders von unten von großem Vorteil und falscher Ehrgeiz gemäß „Das kriege ich schon allein hin" fehl am Platze.

Durchlässigkeitsarbeit Galopp

Stellt sich nach einiger Zeit ein gewisses Mindestmaß an Abrufbarkeit im Annehmen der Hilfen auf einfachen Linien ein, schließt sich im Grunde die beginnende Durchlässigkeitsarbeit – ähnlich wie für den Trab beschrieben – an.

Übungen vom Leichten zum Schweren

Angaloppieren auf dem Zirkel

- dabei nicht zu viel Stellung und/oder Gewicht nach innen, da sich das Übertreiben der Gewichtshilfe kontraproduktiv auswirkt
- bei nicht zufriedenstellendem Ergebnis: Wiederholung
- bei Gelingen: Lob

Taktregulierung

- Wechsel von fleißigem Vorwärts und dem ruhigsten Galopp, der dem Pferd möglich ist, ohne dass es ausfällt.
- Fällt das Pferd dabei doch in den Trab, ist das nicht als schlimm zu bewerten oder gar zu bestrafen, sondern stattdessen wird ganz bewusst und ruhig (!) durch konsequentes sofortiges Wiederangaloppieren korrigiert.

Durch dieses Vorgehen wird das Pferd ruhig, nimmt aber immer sicherer die treibenden Hilfen an, Versammlungsbereitschaft und Tragkraft werden gefördert und der Gehorsam auf die treibende Hilfe zum Angaloppieren entwickelt sich weiter. Viele Reiter kennen das beschriebene Prinzip nicht, denn ihr Reitlehrer hat vielmehr immer kritisiert, wenn das Pferd unbeabsichtigt in den Trab gefallen ist. Diese Reiter treiben oft pausenlos, was ihr Pferd abstumpfen lässt. Zudem kommen ihre treibenden Hilfen in einer Situation, in der sie dann tatsächlich gebraucht werden, nicht mehr durch. Im Gegensatz dazu wird beim Vorgehen, wie oben beschrieben, durch das bewusste Passivwerden des Reiters das Prinzip **„So viel wie nötig, so wenig wie möglich"** vom Reiter viel besser erfasst und gefühlt. Er kann dieses

Gefühl für den richtigen Moment des Treibens relativ schnell bewusster einsetzen. Durch das Aufnehmen des Pferdes in einen Galopp, der so ruhig wie möglich ist, ohne dass der Takt verloren geht, kommt der Reiter mehr und mehr zum Treiben. Dadurch schafft er die Voraussetzung, um beim Durchparieren nicht rückwärtsreiten zu müssen. Vielmehr lässt er es münden im Aufnehmen und im Aufhören zu treiben, und dies mit immer weniger Zügeleinwirkung.

Reiten von Trab-Galopp- und Galopp-Trab-Übergängen zur Förderung des Gehorsams und der Durchlässigkeit

- Vorrangig erfolgt die Arbeit auf dem Zirkel, die zu immer mehr Kontrolle über Takt, Tempo und Durchlässigkeit führt.

In der Regel sind zwei bis drei Wiederholungen empfehlenswert, um ein Gefühl zu entwickeln, wie das Pferd reagiert; gleichzeitig kann die Technik und Einwirkung des Reiters korrigiert und verbessert werden.

Während anfangs das Gelingen der Übergänge im Vordergrund steht, kommt nach und nach die Ausführung an einem bestimmten (Zirkel-)Punkt hinzu.

- Aus dem Zirkel wechseln über Trab ist für den Einstieg eine logische Version des Handwechsels und um das Prinzip, auf beiden Händen in etwa gleich viel zu arbeiten, zu etablieren.

Galoppsprünge verlängern an der langen Seite zur Erhaltung von Takt, Fleiß und für die beginnende Schwungentwicklung, gefolgt von Abwenden auf den Zirkel, um wieder Kontrolle und Gleichgewicht herzustellen.

- Überprüfung durch Zügel-Überstreichen

Erst nachdem sich bei dieser vermeintlich einfachen Arbeit ein gewisses Maß an Qualität und Sicherheit eingestellt hat, kommen die nächstschwierigeren Lektionen nach und nach hinzu. Dazu gehören beispielsweise:

Abwenden auf eine große Volte (mindestens 10 Meter) mit den Schwerpunkten auf Takterhalt und Gleichgewicht, das heißt, die Volte groß genug anlegen und mit wenig innerem Zügel reiten.

Christina Thieme mit For Fantasy, der Mutter von Dozent: mit ihr erritt sie ihre ersten 3 Siege in Klasse S, weitere 17 mit dem Sohn; hier beim Bernhard von Allbedyl Nachwuchs Cup im Velodrom CSI Berlin 2000.

Durchparieren zum Schritt

- Nachdem das junge Pferd auf dem Zirkel – und noch deutlicher in der Volte – das Zurückkommen und dabei trotzdem das Weitergaloppieren gelernt hat, ist es für die halbe Parade zum Schritt gut vorbereitet. Es ist hilfreich, diesen Übergang anfangs durch Abwenden in eine halbe Volte zur reiten, um die Lastaufnahme zu fördern. Gleichzeitig wird beim Reiter das Zusammenwirken seiner Hilfen gefördert, besonders die einseitig belastende Gewichtshilfe im Zusammenspiel mit den verwahrenden Hilfen des äußeren Schenkels und Zügels. Außerdem wird die Voraussetzung für das Angaloppieren aus dem Schritt geschaffen.

Angaloppieren aus dem Schritt

- Hier ist in der Vorbereitung auf den Übergang „das Zusammenstellen" im Schritt mit halben Paraden und energisch aktivierenden Schenkelimpulsen – im Sinne der Erhaltung von Takt und Losgelassenheit – erforderlich: Aufnehmen und – gegebenenfalls etwas mit der gleichseitigen Gerte unterstützend – Durchkommen mit dem inneren Schenkel sollten zum gewünschten Erfolg führen.
- Nachdem beim Angaloppieren anfangs ein Abwenden zur geschlossenen Zirkelseite oder in eine Ecke hinein hilfreich ist, wird es auch schnell im Geradeaus gelingen, sobald die Hilfen vom Pferd entsprechend verstanden worden sind und angenommen werden.

Bei zunehmender Durchlässigkeit sollte mehr und mehr die Genauigkeit bei der Ausführung der Lektionen eine Rolle spielen. Das präzise Anreiten der Bahnpunkte, das Einhalten der Hufschlagfiguren, die Größe und Form der Volten usw. dienen dem Reiter als Prüfsteine seiner Arbeit und sollten deswegen nicht erst beim Reiten einer Turnieraufgabe Aufmerksamkeit erhalten. Außerdem ist der Reiter selten allein in der Reitbahn; durch das Einhalten der Hufschlagfiguren und Bahnregeln wird er für seine Mitreiter berechenbar und damit das Reiten für alle angenehmer und sicherer. Überhaupt gehören das Mitdenken, vorausschauendes Denken und Rücksichtnahme zum guten Reitergeist.

Der Autor und Dozent von De Niro aus der For Fantasy, Züchter: Familie Heidenreich. Gute Lastaufnahme und Durchsprung im Galopp eines veranlagten jungen Pferdes (Dressurpferdeprüfung Bundeschampionate, Warendorf 2010)

Das strukturierte Arbeiten ist gekennzeichnet von einer klaren Systematik bestimmter Lektionsfolgen und von Wiederholungen. Es ist sehr hilfreich für die Weiterentwicklung der Hilfengebung des Reiters. **Auf der Grundlage des Wechselspiels von „Grunddurchlässigkeit und Prüfstein/en" wächst und reift der sich selbst kontrollierende Reiter:**

- Die Volte geht über die Mittellinie hinaus → „Der Einsatz meiner äußeren Hilfen war nicht ausreichend."
- Das Pferd fällt beim Überstreichen auseinander. → „Meine treibenden Hilfen haben nicht ausgereicht."

usw.

6.4 Diagonale Hilfengebung: Vorhandwendung und Schenkelweichen

Für das Verständnis der diagonalen Hilfen „innerer Schenkel treibt an den äußeren Zügel" sind als Einstieg in das Thema aus meiner Erfahrung heraus die Prüfsteinlektionen Vorhandwendung und Schenkelweichen besonders hilfreich.

Die beiden Lektionen scheinen jedoch umstritten und vielleicht genau deswegen auch aus der Mode gekommen zu sein, stellen jedoch wichtige Prüfsteine dar: Sie sind enorm lehrreich, um das Zusammenspiel der Hilfen zu erarbeiten. Ob man sich zuerst mit dem Schenkelweichen oder der Vorhandwendung befasst, hängt in erster Linie davon ab, ob das Pferd im Halten ruhig bleibt. Ist dies der Fall, wird mithilfe einer **Vorhandwendung** für Pferd und Reiter gleichzeitig sehr gut die Wirksamkeit aller Hilfen erarbeitet, weil an ihr ablesbar ist, wie viel von jeder Einwirkung/Hilfe notwendig ist, um eine entsprechende Reaktion zu erzielen. Reitern, die fragen, *„was sie anders machen sollen"*, sei die Vorhandwendung empfohlen, weil an den Reaktionen (oder eben dem Nichtreagieren) des Pferdes erkennbar wird, bei welcher reiterlichen Einwirkung Defizite bestehen. Gleichzeitig lernt das Pferd Gehorsam und der Reiter, das für die jeweilige Reaktion richtige Maß an Einwirkung zu finden.

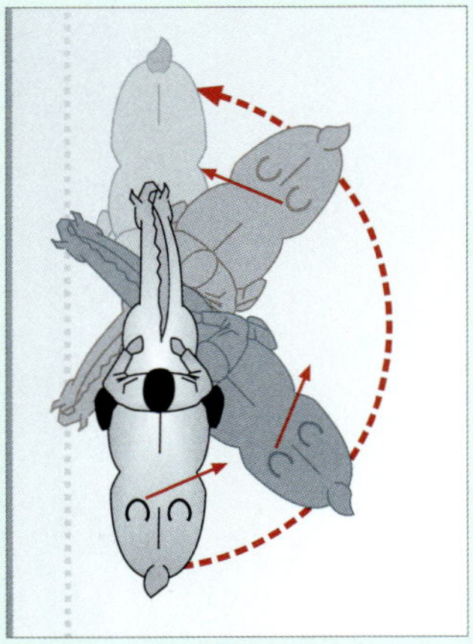

Die einzelnen Phasen der Vorhandwendung

Vorhandwendung

- Der innere Zügel gibt Stellung, der äußere Zügel lässt diese zu.
- Der vorwärts-seitwärtstreibende Schenkel stellt den Übertritt mit Vorwärtstendenz her.
- Der äußere Schenkel und Zügel begrenzen, um sowohl das Seitwärts abzufangen als auch zu viel Vortritt zu verhindern.
- Begleitendes „Kreuzanspannen": das heißt, Abkippen des Beckens nach vorn und einseitige Gewichtshilfe für den Seitwärtstritt.
- Beidseitige Belastung: Die Sitzbeinhöcker werden am Schluss der Wendung beidseitig belastet, um ein Zurücktreten zu unterbinden.

Das Schenkelweichen ist ein wichtiger Prüfstein für

- die Vorbereitung der Seitengänge und
- die dafür notwendige diagonale Hilfengebung, die wiederum grundsätzlich für
  - die Durchlässigkeit ebenso wie für
  - die Qualität der reiterlichen Einwirkung eine bedeutende Rolle spielt.
- Es kann in verschiedenen Varianten, die unterschiedlichen Vor- und Nachteile haben, geritten werden (siehe Abbildungen).

Schenkelweichen in verschiedenen Varianten

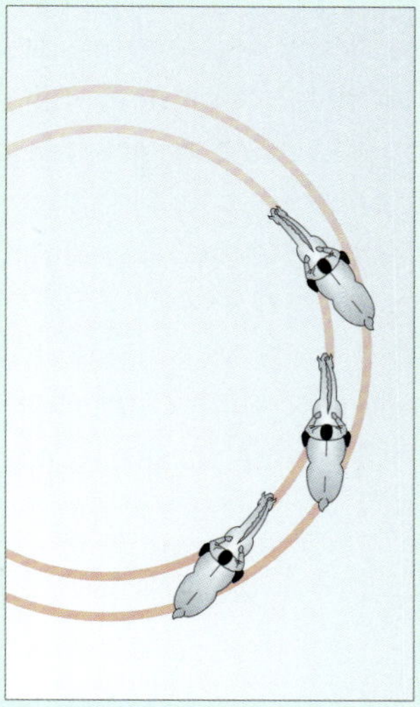

Übertreten auf dem Zirkel

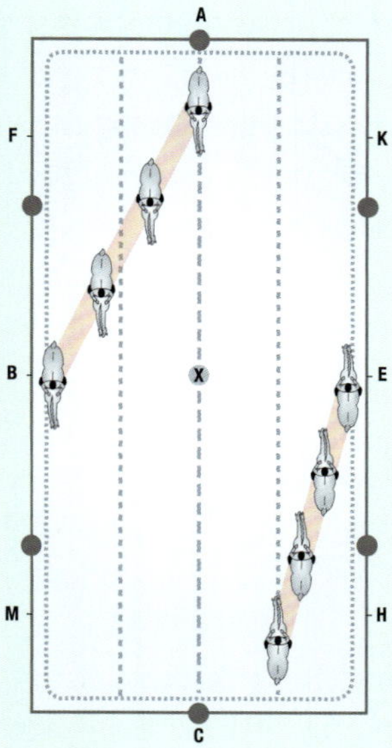

Viereck vergrößern von der Mittellinie

Viereck vergrößern von der Viertellinie

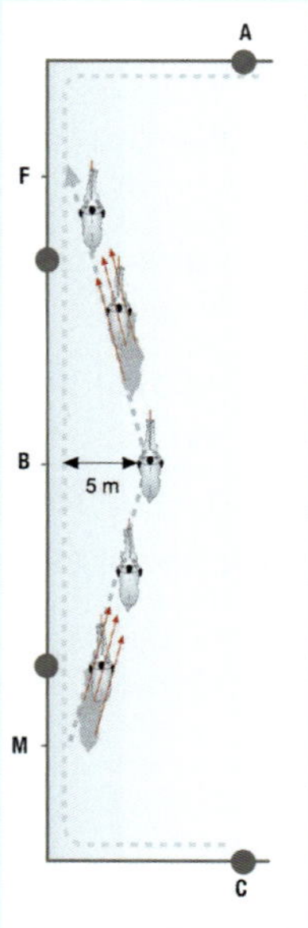

Viereck verkleinern und vergrößern

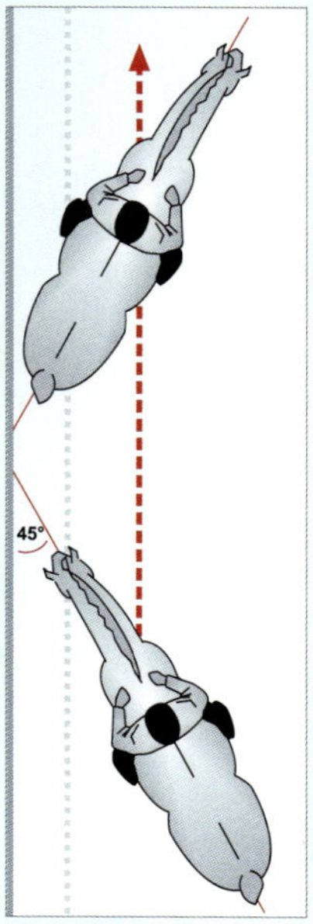

Schenkelweichen rechts (mit Kopf in die Bahn)

Schenkelweichen links (mit Kopf zur Bande)

Dem Einwand, dass ein grundsätzlicher Nachteil der Lektion die zu starke Beanspruchung der Pferdegelenke ist, die nicht für das Seitwärtstreten ausgelegt sind, begegne ich mit dem Hinweis, dass jede Überlastung des Pferdes negative Auswirkungen zur Folge hat – ein Zuviel ist also nie gut. Jeder seriöse Reitlehrer und jedes Lehrbuch wird die Vorwärtstendenz der Lektion betonen und kein endloses, sondern maßvoll eingesetztes Schenkelweichen empfehlen.

Im Laufe der Jahre hat sich für mich folgendes Vorgehen für Pferd und Reiter gleichermaßen als zielführend herausgestellt:
Bevor ich ganze Bahn reite, lasse ich – an der offenen Zirkelseite die Vorhand vermehrt nach innen wendend – kurz die Hinterhand nach außen übertreten. Um Takt, Tempo und Anlehnung kontrolliert wiederherzustellen, wird das Pferd anschließend wieder geradegerichtet. Durch Wiederholung dieses Wechselspiels zwischen dem Durchkommen mit dem inneren Schenkel und der einseitig belastenden Gewichtshilfe einerseits und dem Abfangen durch die Gegenspieler äußerer Zügel und äußerer Schenkel andererseits wird die richtige Balance sowie das richtige Maß an Einwirkung für das eigentliche Schenkelweichen vorbereitet.

Um das korrekte Durchkommen der vorwärts-seitwärtstreibenden inneren Schenkelhilfe sowie der begrenzenden äußeren Zügel- und Schenkelhilfe weiter zu präzisieren, empfiehlt sich das **Viereck-Vergrößern.**

Viereck vergrößern

- An der kurzen Seite auf die Viertellinie abwenden und das Pferd zum Hufschlag weichen lassen.
- Anfangs genügt es auch, vom zweiten Hufschlag zum ersten Hufschlag weichen zu lassen.
- Es bietet sich an, den Drang des (jungen) Pferdes auszunutzen, über die Schulter zum Hufschlag hin auszuweichen.
- Diese Tendenz zum Ausweichen wird mit dem inneren Schenkel seitwärtstreibend unterstützt.
- Gleichzeitig wird mit dem verwahrenden Schenkel und dem äußeren Zügel das Pferd begrenzend auf dem Weg nach außen abgefangen, es wird also am tatsächlichen Ausweichen gehindert.

In einem fortgeschrittenen Stadium kann das Schenkelweichen auch bereits von der Mittellinie aus begonnen werden. Bei dieser Variante wird es jedoch nicht durchgängig von der Mittellinie zum Hufschlag geritten, sondern immer wieder durch ein in der entsprechenden Stellung kurzes Stück Geradeausreiten unterbrochen, um die abfangenden und begrenzenden äußeren Hilfen sowie die über allem stehende Vorwärtstendenz klar in die Übung einzubringen.

Bei der Ausbildung der Reiter hat es sich bewährt, besonders am Anfang der Lektionen – bei denen es immer auf das Erlernen des Zusammenwirkens der Hilfen ankommt – eine Reihenfolge in der Abfolge der Hilfen zu entwickeln. Beim **Schenkelweichen** gestaltet sie sich wie folgt:

- Der Reiter gibt Stellung entgegen der Bewegungsrichtung.
- Der Reiter wendet das Pferd vor den inneren Schenkel, als ob man beginnt, eine Vorhandwendung einzuleiten.
- Der Reiter kommt mit dem vorwärts-seitwärtstreibenden Schenkel durch, bis die Hinterhand weicht, und er setzt die einseitig belastende Gewichtshilfe in Bewegungsrichtung ein.
- Er fängt mit dem äußeren Zügel die Vorhand ab, um das Ausfallen über die Schulter zu verhindern.
- Mit dem äußeren Schenkel fängt er die Hinterhand ab, um zu vermeiden, dass diese der Vorhand vorausgeht.
- Mit beidseitig belastender Gewichtshilfe geht er wieder in die Geraderichtung und frischt die Vorwärtstendenz auf.

Grundsätzlich wichtig ist es in dieser wie in jeder anderen Lektion, dass nach jedem vermehrten Einwirken mit Zügel-, Schenkel- und Gewichtshilfe das Zügel-Überstreichen mittels vorfühlender Reiterhand zur Überprüfung des Gleichgewichts des Pferdes folgt. Durch das planvolle Abarbeiten dieser „Checkliste“ entsteht ein immer sichereres Verständnis für die Wirksamkeit der jeweiligen Hilfen und daraus wiederum das angestrebte Zusammenspiel der Hilfen, das den Reitern die Umsetzung des Grundsatzes **„die Vorhand ist auf die Hinterhand einzurichten“** ermöglicht. Aus diesem Grundsatz erklärt sich auch die geraderichtende Wirkung des Schenkelweichens.

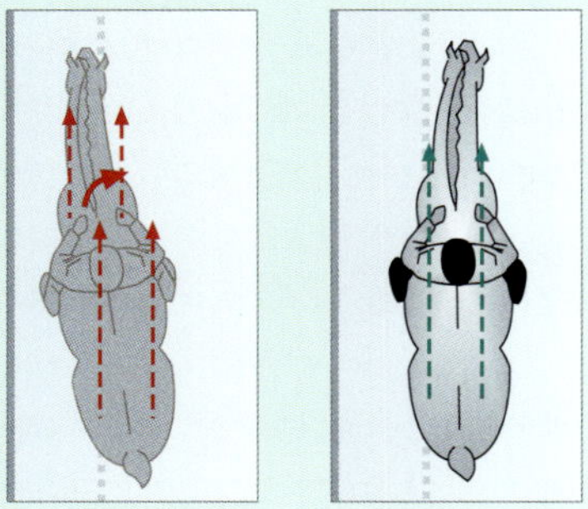

Das Pferd ist von Natur aus schief – hier neigt es dazu, mit der Hinterhand in das Bahninnere zu drängen (links). Das Pferd ist geradegerichtet (rechts).

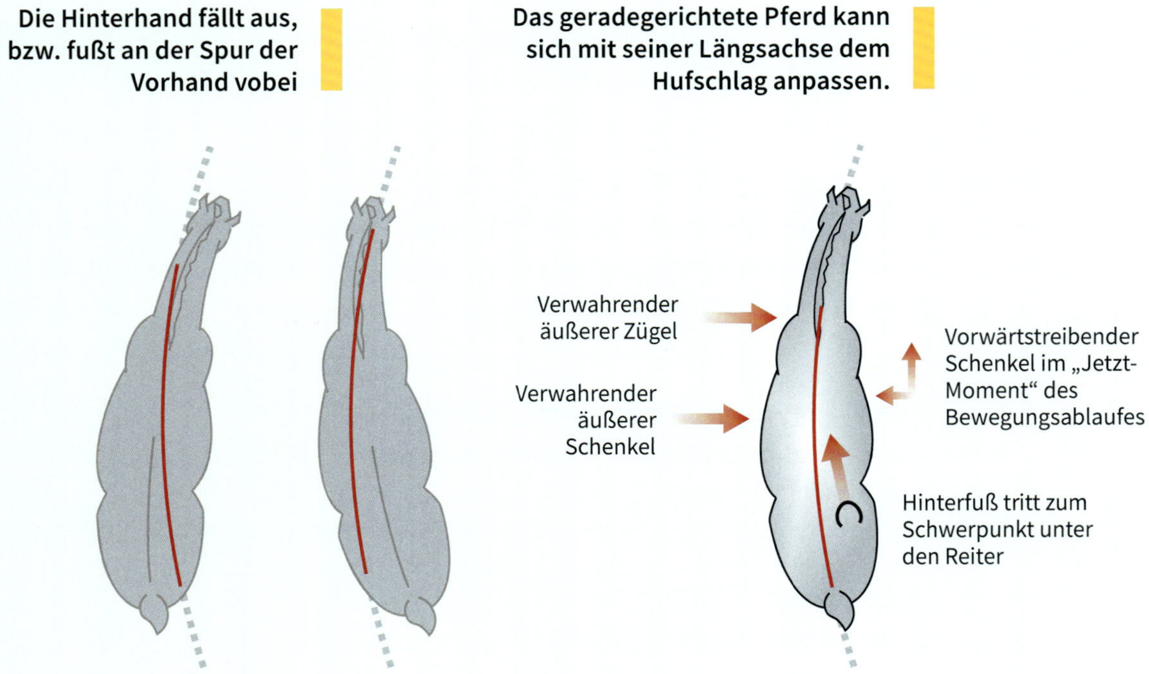

Wenn anhand des beschriebenen Vorgehens Pferd und Reiter auf beiden Händen eine gewisse Sicherheit bei der Ausführung des Schenkelweiches erreicht haben, stellen weitere Variationen der Übung – wie beispielsweise Viereck verkleinern und vergrößern – kein Problem mehr dar.

Warum das Schenkelweichen perspektivisch die Längsbiegung fördert

Nicht zu unterschätzen ist auch die Förderung der **Längsbiegung** durch das Schenkelweichen, obwohl diese dabei ganz klar nicht verlangt ist. Besonders beim Reiten auf gebogener Linie wird durch das vermehrte Einwirken mit dem inneren Schenkel beim Reiter der richtige Moment, den inneren Hinterfuß zu aktivieren, vermittelt und erfasst: Ich nenne ihn den *„Jetzt“*-Moment, und der Reiter erkennt ihn zuverlässig am Weichen der Hinterhand. Durch Übertreten-Lassen und Geraderichten entsteht eine gymnastizierende Wechselwirkung zwischen „innen durchkommen“ und „außen abfangen“: Wenn der äußere Schenkel und der äußere Zügel bei gleichzeitiger Aktivierung des inneren Hinterfußes diesen nicht mehr ausweichen lässt, tritt das Pferd vermehrt unter das Reitergewicht Richtung Schwerpunkt. So wird dem Reiter bei entsprechend korrekter Ausführung bei Erhaltung der Losgelassenheit immer mehr Längsbiegung geschenkt.

Lektionsfolgen zur Verbesserung der diagonalen Hilfengebung

- Viereck vergrößern von der Viertellinie zur langen Seite
  — Mit dem inneren Schenkel „durchkommen“, der äußere Zügel verhindert ein Über-die-Schulter-Ausweichen, der äußere Schenkel verhindert ein Ausfallen der Hinterhand.
- Mitte der langen Seite eine Volte (gegebenenfalls dabei innen überstreichen)
  — für Längsbiegung und Gleichgewicht
- Nach der Volte entweder
  — zur Schwungerhaltung: Tritte verlängern bis zur Ecke
- Zur Herstellung von Takt, Schwung, Anlehnung
  — zur Aktivierung des inneren Hinterfußes: Schultervor bis zur Ecke
  — für die Durchlässigkeit der Paraden: aus der Volte am Hufschlag Parade zum Schritt oder zum Halten

Viereck vergrößern, Volte, Schultervor

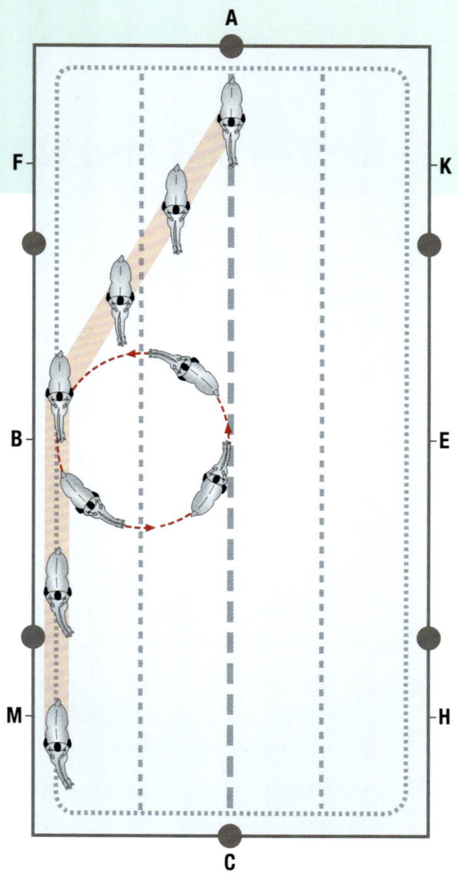

Sicheres Halten – der Autor und Count Up vor dem Redefiner Landstallmeisterhaus

6.5 Halten und Rückwärtsrichten

Wie in allen anderen Lektionen folgt die Ausbildung und Bewertung des **Haltens** den Regeln der Ausbildungsskala, das heißt konkret, den ersten Schwerpunkten Takt und Losgelassenheit. Grundlage ist das sichere und vor allem ruhige Stehen, bei dem das Pferd alle vier Beine gleichmäßig belastet, also geschlossen steht. Zunächst gilt es, das Pferd beim Übergang zum Halten, im Halten selbst und beim darauffolgenden Anreiten immer mehr in sicherer Anlehnung zu halten beziehungsweise diese herzustellen, gegebenenfalls auch durch Abkauen-Lassen. Für Korrekturen ist immer wieder der Erhalt der Gelassenheit wie auch der nötigen Vorwärtstendenz bei prompter Annahme der treibenden wie auch verwahrenden Hilfen wichtig.

Um Spannung zu vermeiden, empfehle ich auch beim Halten durch Vorfühlen mit der Reiterhand die Selbsthaltung, also die Balance im Pferd zu prüfen. Wenn sich die zunehmende Durchlässigkeit in den Übergängen bis hin zur ganzen Parade entwickelt, werden sich die Pferde auch immer geschlossener hinstellen. Korrigiert der Reiter zu früh ständig nur an der erwünschten parallelen Fußstellung herum, erreicht er damit in der Regel das Gegenteil eines ruhig und geschlossen stehenden Pferdes, da dieses Vor-

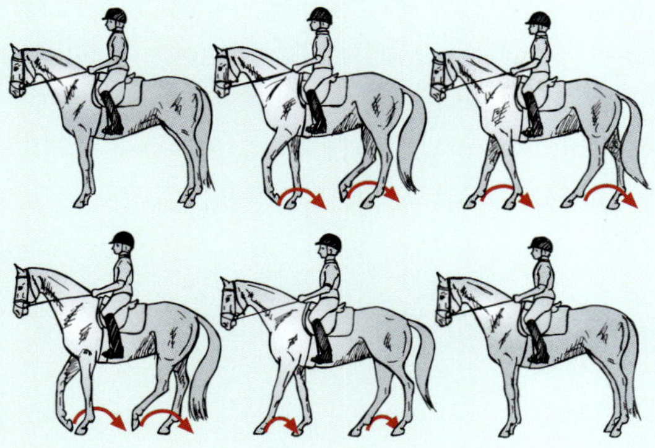

Diagonale Fußfolge beim Rückwärtsrichten

gehen – besonders, jedoch nicht nur – bei Pferden mit mehr Temperament und Bewegungsdrang zu Spannung und Unruhe führt.

Um ein sicheres, williges **Rückwärtsrichten** zu erreichen, ist es besonders bei dieser Lektion sinnvoll, diese vom Boden aus an der Hand vorzubereiten. Meine jungen Pferde lernen im Grunde bereits im täglichen Umgang, also zum Beispiel bei der Pflege, beim Wort *„Zurück"* ein paar Tritte rückwärtszutreten und damit gleichzeitig Gehorsam und die nötige Unterordnung. Letzteres spielt besonders bei dominanten Pferden eine wichtige Rolle und hilft, die unter Pferden bestehende Hierarchie auf den Ausbilder und später auf den Reiter zu übertragen und klarzustellen, wer die Regeln aufstellt. Wenn die Aufforderung zum Rückwärtstreten vom Boden aus vom Pferd verstanden wurde, wird sie auch unter dem Reiter gut gelingen. Unter dem Sattel kann bei der Etablierung der Lektion zusätzlich zur, für den Antritt erforderlichen Schenkelhilfe und der in das Rückwärtstreten annehmenden, gegebenenfalls durchhaltenden Zügelhilfe, eine Berührung an der Brust des Pferdes durch den Ausbilder am Boden oder das leichte Touchieren der Vorderröhre (Vordermittelfuß) mit Gerte oder dem von mir bevorzugten Bambusstöckchen unterstützend wirken, wobei zunächst an der Bande der Reitbahn geübt wird. Dabei wird sichergestellt, dass der Reiter nicht am Zügel zieht und das Pferd seine Konzentration nach vorn-unten richtet und damit automatisch – vom Reiter unterstützt durch Einnahme eines leicht entlastenden Sitzes – seinen Rücken freigibt. Dieses ermöglicht dem Pferd ein losgelassenes und korrektes Rückwärtstreten. Die dabei gewünschte diagonale Fußfolge tritt bei zunehmender Losgelassenheit von selbst ein und ist im Umkehrschluss ein deutliches Zeichen für zunehmende Losgelassenheit.

Wie bei allen Lektionen muss der Reiter auch beim Rückwärtsrichten zunächst bescheiden in seinem Anspruch sein: Jedes Angebot des Pferdes, rückwärtszutreten, wird durch Lob bestärkt, und zwar auch, wenn das Pferd vielleicht einmal ohne Aufforderung von allein zurücktritt; letzteres kann gegebenenfalls durch Schließen der Unterschenkel und beidseitige Gewichtshilfe wieder in Vorwärtstendenz gebracht werden. Wie auch bei allen anderen Lektionen oder Ausbildungsschritten versuche ich, die Pferde nicht zu überfordern und ihnen das Verstehen dadurch zu erleichtern, indem ich nicht versuche, alle für das „Endresultat" gewünschte Lektionskriterien gleichzeitig herzustellen oder abzurufen, sondern indem ich die einzelnen Punkte Schritt für Schritt entwickle. Die später resultierende Durchlässigkeit auf Grundlage dieses kleinteiligen Vorgehens beruht somit nicht auf einer starken reiterlichen Einwirkung, sondern auf dem Verständnis der Pferde und wird deshalb von Willigkeit und Losgelassenheit gekennzeichnet sein.

6.6 Entspannung, Abwechslung, Gelände

Bei der Arbeit mit Pferden sind Entspannung und Abwechslung zur Erhaltung der Gesundheit sowie zum Erhalt oder der Steigerung der sowohl physischen als auch psychischen Leistungsbereitschaft von größter Bedeutung. Erfahrungsgemäß sollten Entspannungsphasen nach jeder einigermaßen gelungenen Übungssequenz eingebaut werden. Dadurch wird von Vornherein die Grundlage für positive Bestätigung, also das Verstehen und Lernen des Pferdes gelegt. Es gilt dabei die Regel: je jünger das Pferd, desto kürzer die Arbeitsphase. So individuell die Unterschiedlichkeit der Pferde, so individuell unterschiedlich sollte auch auf jedes Pferd eingegangen werden. Dabei spielen natürlich ein gutes Grundwissen über die Bedürfnisse der Pferde sowie Einfühlungsvermögen und Erfahrung eine zentrale und große Rolle. Um für Abwechslung in der Pferdeausbildung zu sorgen, gibt es zahlreiche Ideen und Möglichkeiten.

Zu der gängigsten „Abwechslung", dem Longieren (welches ich für unverzichtbar halte), wurde schon im dazugehörigen Kapitel einiges gesagt. Aber hier sollte ausgewogen zwischen Longenarbeit und Entspannung unterschieden werden. Natürlich sollten auch Freilaufen und/oder Freispringen Abwechslung in den Alltag eines Dressurpferdes bringen; dies ist förderlich für seine körperliche Entwicklung. Auch gut gemachte Bodenarbeit kann sehr zu einem Vertrauensverhältnis zwischen Pferd und Ausbilder beitragen und bereichert eine vielseitige Ausbildung.

Über das Reiten im Gelände könnte man ebenfalls ein ganzes Buch schreiben. Da meine Ausführungen sich jedoch, wie in der Einleitung erläutert, vor allem auf Ausbildungsschwerpunkte beziehen, möchte ich nur kurz, dafür aber ganz deutlich an dieser Stelle darauf hinweisen, dass für Dressurpferde das Geländereiten ein wesentlicher Ausbildungspunkt darstellen muss. Dabei ist es empfehlenswert, das Gelände, das in erster Linie der Entspannung und Erholung dient, auch zum Aufbau von Kondition und Kraft zu nutzen, und beim Reiten in der Natur die Natürlichkeit der Bewegung zu fördern.

Entspannung nach der Arbeit beim Ritt durch die Schwemme

7

Auf dem Weg zur Klasse L

Milly Roggosch auf Darius, siebenjähriger Wallach von De Niro

Grundgedanken

Die mit der Versammlung in Zusammenhang stehende relative Aufrichtung, die vom Ausbildungsstand des Pferdes und von der Hankenbeugung, also dem Versammlungsgrad der jeweiligen Lektion abhängig ist, soll mit dieser Abbildung verdeutlich werden.

Die Klasse L ist in erster Linie von einer relativ stabilen Qualität der Versammlung gekennzeichnet, die mit einem deutlich höheren Maß an Durchlässigkeit einhergeht und durch die klassischen L-Lektionen abgefragt wird: im Schritt die Kurzkehrtwendung, im Trab und Galopp die Übergänge, die nun aus der Versammlung über Mitteltrab beziehungsweise Mittelgalopp bis hin zum starken Tempo entwickelt werden, sowie der Außengalopp und seit einigen Jahren auch in fortgeschrittenen L**-Prüfungen die Seitengänge im Trab. Dazu kommt eine Reihe von Lektionen, die zum einen die Qualität der Durchlässigkeit fördern und zum anderen als Prüfsteine der erreichten Qualität des Ausbildungsstandes dienen.

Unterschiedlicher Versammlungsgrad (Hankenbeugung) und relative Aufrichtung:
Halten –
versammelter Trab –
Piaffe

7.1 Schrittarbeit

Neuer Schwerpunkt: Entwicklung der Kurzkehrtwendung

Bevor die Hinterhand- oder Kurzkehrtwendung wie in den „Richtlinien“ beschrieben gelingt, ist es hilfreich, den Ausbildungsweg von Reiter und Pferd wie folgt zu entwickeln.

Natürlich muss weiterhin in erster Linie gemäß der Skala der Ausbildung der Erhaltung von Takt und Losgelassenheit in der Schrittarbeit viel Bedeutung beigemessen werden und als Grundlage erhalten bleiben:

Mittelschritt
- Taktreinheit, schreitend
- Fleiß
- Raumgewinn (Übertritt)
- leichte Rahmenerweiterung (durch geringfügiges Eingehen durch den Reiter in die Nickbewegung des Pferdes)

Versammelter Schritt
- Takterhalt beim Aufnehmen
- Rahmenverkürzung zur entsprechenden relativen Aufrichtung (die Hinterhufe fußen nicht über die Spur der Vorderhufe)

Starker Schritt
- taktsicher
- maximale Rahmenerweiterung
- Fleiß
- maximaler Übertritt

Bevor eine gute **Kurzkehrtwendung** gelingen kann, ist es unerlässlich, einen entsprechend spannungsfreien, immer höheren Versammlungsgrad im Schritt zu erarbeiten. Über das Schenkelweichen in der Grundausbildung sollte ein gewisses Maß an Aufnehmen ohne Verlust von Takt und Losgelassenheit erreicht worden sein. Und nun gilt es, die entsprechende Versammlungsfähigkeit und Durchlässigkeit bei gleichzeitiger Erhaltung des geforderten Taktes zu erarbeiten.

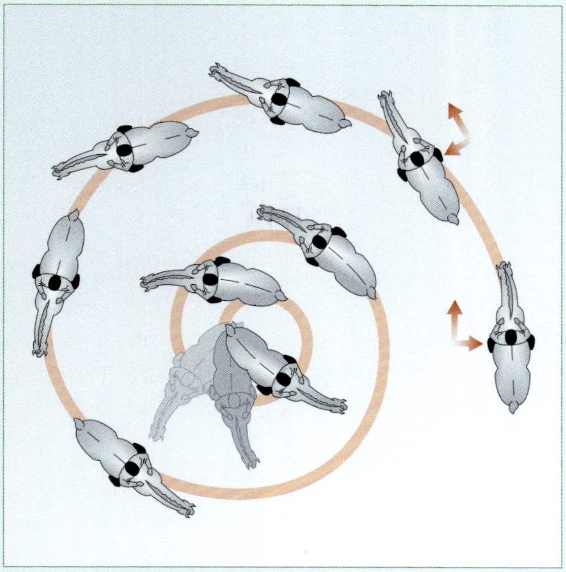

Zirkel verkleinern bis zur Arbeitspirouette

Besonders bewährt hat sich die Arbeit im **Zirkel-Verkleinern** nach folgenden Kriterien:

1. Einhalten einer gedachten Schneckenlinie
2. Ausgehend vom Gedanken an Sitz und Einwirkung wie beim Viereck-Verkleinern: Schenkelweichen entlang der gedachten Linie, mit dem äußeren Schenkel den äußeren Hinterfuß heranholen
3. Nach entsprechender Reaktion auf den äußeren Schenkel: sofort wieder an Takt, Anlehnung und Durchlässigkeit denken
4. Stellung und Gewichtshilfe nach innen in Richtung Travers

Kommt es zu Irritationen in Takt, Losgelassenheit oder Anlehnung, kehrt der Reiter sofort mit Vorwärtstendenz zu den Grundlagen zurück. Durch dieses Vorgehen werden immer mehr Einfühlungsvermögen und Reaktionsfähigkeit beim Reiter sowie das prompte Annehmen der Hilfen vom Pferd erarbeitet. Nach mehrmaliger Wiederholung mit entsprechender Reaktion gelingt es immer leichter, das Halten von Takt und Anlehnung in traversartiger Einstellung bis fast in das Zirkelzentrum, beinahe „an den Punkt" zu bringen. Um die geforderten Kriterien – Takterhalt, Losgelassenheit, Anlehnung, Längsbiegung – in die in den Prüfungen geforderten Linien zu übertragen, gibt es eine Vielzahl von Möglichkeiten, die jeweils mehr oder weniger auf die Ausgangssituation (Punkte 1 bis 4, siehe oben) zurückführen.

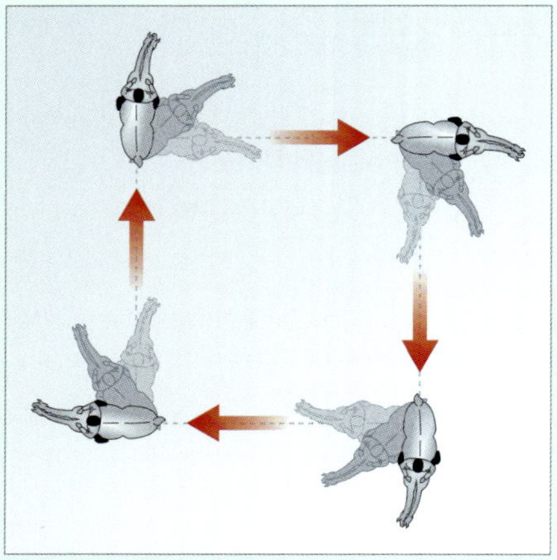

Quadratvolte

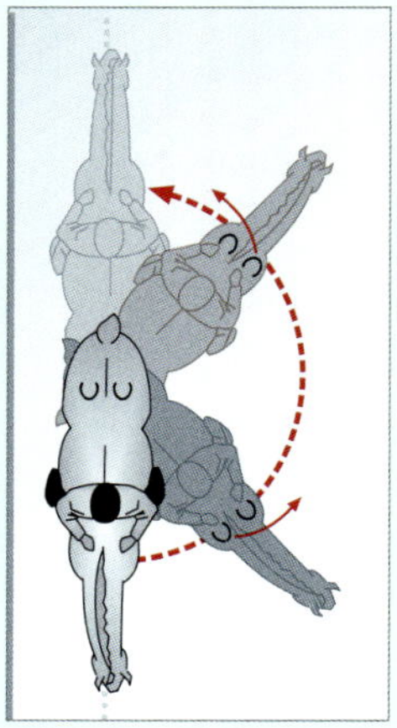

Die einzelnen Phasen der Hinterhandwendung

Eine besonders geeignete Möglichkeit, die Kurzkehrtwendung vorzubereiten und dabei gleichzeitig die Geschicklichkeit des Reiters und die Durchlässigkeit des Pferdes zu entwickeln, ist die Arbeit auf der Quadratvolte (im Karree). Hierbei zentriert der Reiter jeweils eine Viertelwendung in den vier Ecken und bringt das Pferd nach jeder Ecke durch das Herausreiten im Vorwärts wieder zum taktmäßigen Mittreten. Gleichzeitig kann dabei gegebenenfalls die Anlehnung wieder verbessert werden.

Die Hinterhandwendung

Die **Hinterhandwendung,** die im Grunde eine Kurzkehrtwendung aus dem Halten zum Halten darstellt, bietet den Vorteil der noch größeren Kontrolle. Nachteilig kann es sein, dass es Pferd und Reiter dabei schwerer fällt, das Mittreten der Hinterbeine aufrecht zu erhalten. Dieses kommt dem Pferd im Kurzkehrt – aus der Bewegung in die Bewegung – mehr entgegen. Je nach Situation ist die Wahl und Schulung der einen oder eben anderen Variante zum Richtungswechsel hilfreich: die Hinterhandwendung für mehr Kontrolle, Kurzkehrt oder Arbeitspirouette für aktives Mittreten.

Bei allem Wert der Versammlungsarbeit für die Durchlässigkeit ist die Balance zwischen Versammlung und Entspannung mit Dehnung zum Erhalt des Taktes und der Losgelassenheit für die Weiterentwicklung des Mittelschrittes bis zur maximalen Entfaltung in Form des starken Schritts von größter Bedeutung.

7.2 Trabarbeit

Während sich in der bisherigen Ausbildung die Entwicklung der Versammlungsfähigkeit vor allem auf die Übergänge beschränkte und als Grundtempo das Arbeitstempo diente, soll sich nun in der weiteren Arbeit das versammelte Tempo hinsichtlich Takt, Tempo, Anlehnung und Geraderichtung derart stabilisieren, dass es als Grundlage für alle weiteren Entwicklungen dienen kann.

Der Weg zur Versammlung

Für die Entwicklung der reiterlichen Einwirkung bedeutet dies, dass der Reiter immer deutlicher in jeden Takt eingeht und dabei mit den vermehrt treibenden Hilfen und gleichzeitigen halben Paraden das Tempo derart beeinflusst beziehungsweise unter Kontrolle hält, dass sich der Schwung des Pferdes weniger nach vorn, sondern immer energischer nach oben, vom Boden abfußend entwickelt: Es entsteht Kadenz. Diese ist auch beim kurzen Zügel-Überstreichen auf gebogener Zirkellinie – später auch in der Volte, wird in der Regel mit der inneren Hand verlangt – aufrechtzuerhalten. Sie ist ein wichtiger Prüfstein dafür, dass die Versammlung vom Pferd reell von der Hinterhand, in Selbsthaltung ausbalanciert, gehalten und nicht künstlich durch übertriebene Zügeleinwirkung erzeugt wird. Die übertriebene Zügeleinwirkung führt zu einem festgehaltenen Pferderücken und wenig Durchschwung und verhindert die reelle Lastaufnahme.

Lektionsfolgen als Ausbildungsplan und Prüfsteine

Als Ausgangssituation empfehle ich grundsätzlich die Zirkelarbeit. Bei ihr werden die Grundlagen Takt, Losgelassenheit und Anlehnung durch das vermehrte Einwirken beim Wechselspiel zwischen Schwungentwicklung und Rückführung zur Versammlung stabilisiert. Aber auch die Durchlässigkeit wird verbessert, hier im Wechselspiel von vermehrtem Stellen und Geraderichten beziehungsweise auch von Konterstellen und Geraderichten. Letzteres fördert das Annehmen der äußeren Hilfen.

Die folgenden Lektionsfolgen haben sich gleichermaßen bei der Arbeit mit jungen Pferden als auch im Unterricht mit unerfahrenen Reitern bewährt.

- Schenkelweichen/Viereck-Vergrößern (siehe Seiten 59 ff.): Diese Lektionsfolge dient dazu, um aus dem immer perfekter funktionierenden Zusammenspiel der diagonalen Hilfen die auch für die Versammlung entscheidende Vorwärtstendenz vom inneren Hinterfuß zum äußeren Zügel bei gleichzeitig sich verbessernder Geraderichtung optimal vorbereitend zu nutzen.
- Abwenden in eine Volte (anfangs 10 Meter, später auch kleiner), um in der geforderten Längsbiegung das Ausweichen der Hinterhand zu verhindern. Gleichzeitig wird die Qualität des Gleichgewichts durch Überstreichen am inneren Zügel geprüft.
- Aus der Volte, je nach Situation:
  a. Halbe lange Seite Schultervor/Schulterherein, um das aus den diagonalen Hilfen sich ergebende Untertreten in Richtung unter den Schwerpunkt zu vervollkommnen.
  b. Halbe lange Seite Schwungentwicklung, um Takt und Tempo aufzufrischen.
  c. Aus der Volte in die Geraderichtung und ganze Parade zum Halten, um die diagonalen Hilfen für das Heranhalten und Untertreten in Richtung unter den Schwerpunkt bei der Parade zu schulen.

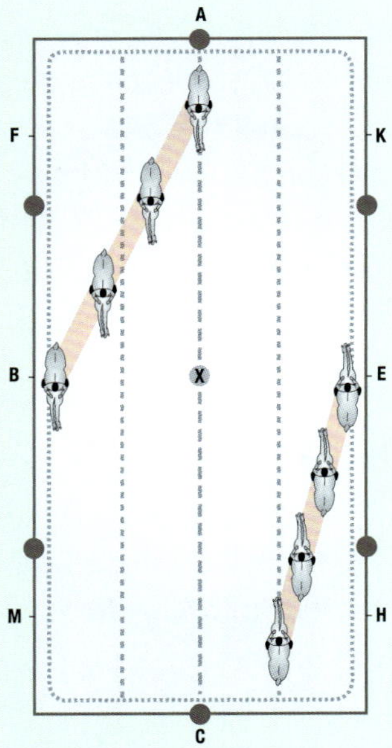

Viereck vergrößern von der Mittellinie

Viereck vergrößern von der Viertellinie

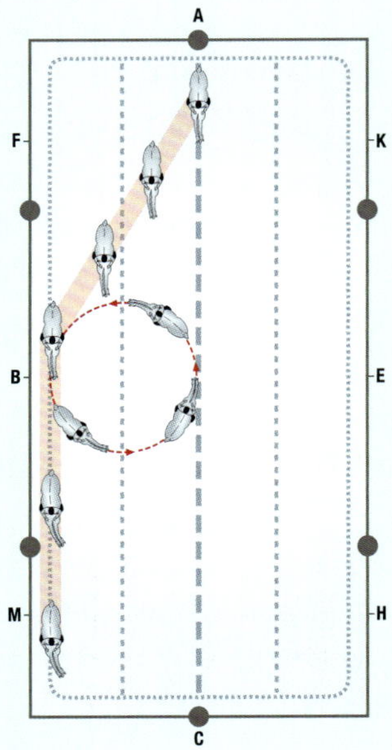

Viereck vergrößern, Volte, Schultervor

„Am Sitz zurückkommen“

Den Satz „Das Pferde muss am Sitz zurückkommen“ hört man immer wieder in der Ausbildung, und ich unterstreiche ihn zweimal. Aber leider erlebt man zu häufig die Situation, dass die Ausführung nicht gut erklärt wird.

Zu häufig wird dabei nur am Sitz des Reiters herumgebastelt, und der immer wiederkehrende Hinweis *„Hand vor“* hilft dann auch nicht wirklich weiter. So erlebte ich schon Seminare, in denen aufgrund dieser Herangehensweise die Pferde immer schlechter wurden, auf die Vorhand kamen oder sogar anfingen, die Situation durch Eigenmächtigkeiten auszunutzen.

Zugegeben: Das Pferd „am Sitz zurückkommen lassen“ gelingt eben auch nicht so leicht! Vielmehr ist es ein Resultat der gesamten, bisher teilweise auch noch nicht beschriebenen Arbeit, in der das Pferd die Bedeutung des aufnehmenden Zügels lernt. Es lernt dieses Aufnehmen mit Hilfe der treibenden Hilfen, in Lastaufnahme umzusetzen, also „durchzulassen“. Dies wiederum beruht einerseits auf der richtigen Einwirkung des Reiters (annehmende und nachgebende Zügelhilfe, Schenkel und Sitz im richtigen Verhältnis), andererseits auf der Anwendung einiger noch zu beschreibender Ausbildungstechniken, mit denen Lastaufnahme und Durchlässigkeit für das „Zurückkommen“ entstehen (wie in den weiteren Ausführungen beschrieben).

Dadurch wird Gleichgewicht erlangt, das in den Mitteltrab mitgenommen und gehalten wird; dieses ermöglicht es, über „Kreuzanspannen“ die Rückführung geschmeidig und durchlässig zu gestalten.

Da das Versammeln häufig als „vorn festhalten und hinten quetschen“ missverstanden wird, empfehle ich das **Reiten kurzer Übergänge,** um die Versammlung besser zu entwickeln:

- Antraben aus dem Schritt in verkürzten Tritten, um ähnlich wie in der Handarbeit die Versammlung aus dem Antritt zu entwickeln,
- nur wenige Tritte reiten, um die Bewegung nicht zu groß zu machen,
- wieder Durchparieren, dabei aber immer einige Tritte mehr fordern/reiten, sobald das Pferd anfängt, auf die halben Paraden zu reagieren.

Trotz aufnehmender Zügelhilfen entwickelt sich dabei Vorwärtstendenz, was gleichzeitig zu mehr Losgelassenheit führt und nicht selten durch Abschnauben des Pferdes bestätigt wird. Das leichtfüßige Abfußen wird gefördert und wirkt eventuell aufkommenden Anlehnungsproblemen entgegen!

Förderung des Reitergefühls – nach mehrmaligem (soll heißen: drei- bis viermaligem) Gelingen der oben genannten Vorgehensweise:

- aus dem Trab zum Schritt durchparieren und gleich wieder antraben, um das „Durchkommen“ der Parade und den Antritt aus der Hinterhand zu sichern
- im Trab **fast** zum Schritt parieren und im letzten Moment, bevor das Pferd in den Schritt fallen will, wieder Takt und Fleiß fordern, zur Aktivierung der Vorwärtstendenz
- Wiederholung

Dabei denkt der Reiter sinnvollerweise abwechselnd erst an Zeitlupentempo, um Losgelassenheit, Schwingung und Selbsthaltung zu fördern, und dann wieder an Takt und Fleiß, um das energische Abfußen zu verbessern. Die so herausgearbeitete Versammlung wird immer mehr von Durchlässigkeit, Losgelassenheit, Selbsthaltung in der Anlehnung und energisch abfußender Zwangslosigkeit gekennzeichnet sein. Sie bildet damit die Voraussetzung für eine Schwungentwicklung, die dann in gleicher Weise mit immer mehr Gleichgewicht, Kadenz und Ausdruck einhergeht: Das Pferd hat gelernt, sich am Gebiss abzustoßen!

Das Pferd hat es verstanden, wenn es nach dem Durchkommen der halben Paraden durch promptes Nachgeben der Reiterhand Selbsthaltung und Eigenbalance erreicht: Der Reiter fühlt dann, dass er die Zügel korrekt überstreichen könnte.

Mitteltrab – starker Trab: Balance als wiederkehrende Grundlage und Ziel

Hochveranlagte Pferde mit viel Schwung und natürlichem Gleichgewicht machen es dem Reiter sehr leicht, bei immer mehr Trabverstärkung die gewünschten Kriterien (Takterhalt, stabile Anlehnung und entsprechende Rahmenerweiterung) im Gleichgewicht bis zur maximalen Schwungentwicklung beziehungsweise in die Rückführung zur Versammlung zu erreichen. Weniger begnadeten Talenten müssen Reiter und Ausbilder

Der Ausbilder und seine Schüler – die Bilder ähneln sich: Pferde in guter Balance und im Gleichgewicht an leichter Hand bei voller Dynamik und Kraftentfaltung im bisher erläuterten Ausbildungsprozess sehr viel mehr Aufmerksamkeit, Aufwand und Kleinarbeit angedeihen lassen, um ein ähnliches Ergebnis zu erzielen.

Wie schon im Kapitel zur Schwungentwicklung beschrieben, möchte ich darauf hinweisen, dass es nicht ausreicht, mit viel Kraft und Einwirkung einfach alles an „Vorwärts ins Pferd zu jagen“, was nur geht, sondern auch oder vielmehr gerade beim Fordern zum Beispiel einer Trabverstärkung immer größtes Augenmerk auf den Erhalt des Gleichgewichts zu richten. Dadurch wird es dem Reiter möglich, auch während der Trabverstärkung das Gehen des Pferdes hinsichtlich Takterhalt, Kontrolle über die Anlehnung und das Tempo zu beeinflussen. Das im Kapitel über die Schwungentwicklung (siehe Seite 49 ff.) beschriebene Arbeiten mit Trabverstärkungen auf gebogenen Linien kann dabei in verschiedenen Abfolgen sehr hilfreich sein: Der Antritt zum Mitteltrab kann beispielsweise wie üblich am Wechselpunkt geritten werden, dann jedoch wendet man auf den halben Zirkel oder eventuell in eine Volte ab, um die Rückführung ohne zu „bremsen“ zu gestalten und entwickelt somit ein sehr hohes Maß an Verständnis für Gleichgewicht, Kadenz und Balance.

Als, wie bereits geschildert, vor einigen Jahren in der St.-Georg-Prüfung der Mitteltrab auf dem Zirkel verlangt war, gab es hier und da Irritation und lange Gesichter. Doch wer mit entsprechendem Verständnis das Geschehen beobachtete, konnte erkennen, dass gerade die Reiter, die den Sinn der Übung verstanden hatten, dann später in den höheren Prüfungen auch die Übergänge zur Passage fast mühelos entwickeln konnten.

Einfluss der Geraderichtung
Immer weniger Ausbilder schulen den Zusammenhang von Schwungentwicklung und der richtig verstandenen **Geraderichtung.** Erst aus der Geraderichtung heraus ist es dem Pferd möglich, die volle Kraft aus der Hinterhand zu nutzen! Dabei spielt wieder das richtige Verständnis der diagonalen Hilfen eine große Rolle.

Christina Thieme und Dozent – aus den diagonalen Hilfen und dem Schultervor entwickeln sich Geraderichtung und Schwungentfaltung.

Nicht nur für das individuelle Reiten spielt das Geraderichten eine Rolle – die Ausrichtung der Landgestütsquadrille beim CSI Redefin sucht seinesgleichen.

So lege ich immer Wert darauf, dass aus dem schulterhereinartigen „Anfassen" des Pferdes resultierende sogenannte Schmalspurgehen mit in das „Geradeaus" genommen wird, und das nicht nur an der langen Seite, sondern auch auf der Diagonalen: So wird auf der Diagonalen der – aus dem Heranhalten des inneren Hinterfußes an die äußeren verwahrenden Hilfen entstehende – Zug zum äußeren Zügel bis zum Wechselpunkt an der gegenüberliegenden langen Seite erhalten: Nicht grundlos ist auch erst dort der Wechselpunkt, an dem beim Leichttraben umgesessen wird.

So sollte der Reiter später in der Prüfung beim Vorbereiten der Verstärkung an der kurzen Seite, beim Reiten durch die Ecke, spätestens aber beim Einleiten der Verstärkung die Gedankengänge *„Takt und Anlehnung sichern, dann Geraderichtung und erst dann Schub nach vorn“* als selbstverständlichen Ablauf verinnerlicht und somit regelrecht „automatisiert“ haben.

An dieser Stelle greife ich zur Veranschaulichung einmal kurz zur Galopparbeit vor: Viele meiner leicht fliegend wechselnden Schulpferde suchten – vom meist unerfahrenen Reiter ungewollt – häufig schon vor dem Wechselpunkt den fliegenden Galoppwechsel, weil der Reiter den oben beschriebenen Zusammenhang noch nicht erkannt, gefühlt und/oder verstanden hatte.

Eine ebenso große Rolle spielen die beschriebenen Zusammenhänge für das Einreiten auf die Mittellinie: Auch hier hilft es fast jedem Reiter, durch den Gedanken an Schultervor – also innere Hilfen an die äußeren, verwahrenden Hilfen – die Geraderichtung zu erreichen.

Während das Schenkelweichen und das Schultervor bereits in die Arbeit eingeflossen sind, möchte ich die teilweise in Klasse L verlangten Seitengänge in der Ausbildung erst auf dem Weg zur Klasse M (für das frühestens fünf- bis sechsjährige Pferd) beschreiben.

Auf die immer wieder einmal auftretende Frage, was den Mitteltrab vom starken Trab unterscheidet, lautet meine Antwort: Beim Mitteltrab sollte idealerweise erkennbar sein, dass bei aller Dynamik Reiter und Pferd noch nicht das Letzte aus sich herausholen. Er gelingt mit viel Losgelassenheit und Leichtigkeit, während im starken Trab das Maximum an Power und Dynamik erreicht wird; letzteres natürlich immer auf Grundlage der in der Skala der Ausbildung vorgegebenen Kriterien Takt, Losgelassenheit, Anlehnung, Rahmenerweiterung, Schwungentwicklung, Geraderichtung und Rückführung zur Versammlung.

Links:
Junges Pferd: Tritte verlängern – der Autor und der 5-jährige Dozent in einer Dressurpferdeprüfung

Rechts oben:
Mitteltrab – Christian Hartung und Desario von De Champ x Rosario (2016 Sieger in Amerika im Championat der 6-jährigen Dressurpferde)

Rechts unten:
Starker Trab – Christina Thieme mit Dozent als reifes Dressurpferd mit 17 Siegen in der Klasse S

626

CONCORDIA.
EIN GUTER GRUND.
332

Spannung

In diesem Zusammenhang scheint es mir wichtig, einmal auf das Thema Spannung einzugehen. Immer wieder sorgte und sorgt dieser tendenziell negativ besetzte Begriff für kontroverse Diskussionen. Die Masse der Ausbilder ist jedoch, so meine ich, sehr glücklich gewesen, als vor einigen Jahren mit der Bezeichnung **„positive Spannung“** [1] der Realität Rechnung getragen wurde: Der aus reeller Versammlung durch Aktivierung der Hinterhand – also durch Hankenbeugung – entwickelte Schwung, der durch den ganzen Pferdekörper an die fein federnde Hand/das Gebiss herantretend zur optimalen Kraftentfaltung führt, ohne dass dabei Durchschwung und Losgelassenheit verloren gehen, stellt eine positive Spannung dar und ist aus meiner Sicht nicht treffender zu bezeichnen. Durch die Verwendung des Begriffes „positive Spannung“ wird es aber umso wichtiger, sowohl in der Ausbildung als auch in der Beurteilung dargebotenen Reitens das Augenmerk auf die korrekte Unterscheidung der Bilder von „negativ“ und „positiv“ zu richten.

Spannung und Schwebetritte ergeben keinen Schwung

Zum Thema „Spannung“ möchte ich an dieser Stelle kurz meine Erfahrung im Zusammenhang mit dem **Reitersitz** einbringen: Ein gut sitzender Reiter ist die Grundlage für die Wirksamkeit der Hilfen und bildet damit die Grundlage für die Ausbildung von Reiter und Pferd. Das ist natürlich „fast“ allen Reitern klar. Zudem gibt es zum Thema „Reitersitz“ viele sehr gute Bücher.

Sehr häufig höre ich – vor allem an der Basis – wie Ausbilder ihren Schülern empfehlen: „Du musst beim Mitschwingen auf dem Pferderücken locker bleiben“ – ein für viele Reiter auch durchaus richtiger Hinweis. Sehr viel häufiger führt er jedoch – drastisch formuliert – zu völlig ohne Körperspannung sitzenden Reitern, die wie die sprichwörtlichen „nassen Säcke“ im Pferderücken herumplumpsen.

[1] Stammer, Stefan. *Das Pferd in positiver Spannung.* Warendorf: **FN***verlag*, 4. Auflage 2024

Ein losgelassenes Pferd

Aus meiner Erfahrung wird die sportliche Seite des Reitens in der Praxis in der heutigen Zeit zu sehr vernachlässigt. Ein geschmeidiges, in die Bewegung des Pferdes eingehendes Mitschwingen des Reiters ist ohne Körperspannung nicht umsetzbar. Für Reiter mit diesem Sitzproblem hilft es oft, den Vergleich mit einem Tänzer oder einem Slalom fahrenden Skiläufer herzustellen, oder aber auch das Bild einer Gerte, die federnd schwingt, anzubieten. Diese positive Spannung des eigenen Körpers und das entsprechende Gefühl aufzubauen, ist Aufgabe einer guten Grundausbildung, die unter Einbindung verschiedener Varianten, wie beispielsweise Voltigieren oder Reiten ohne Bügel an der Longe, seine Zeit dauert. Für den bereits weiter fortgeschrittenen Reiter, der sich nun in die Situation wagt, ein junges Pferd selbst auszubilden, empfehle ich besonders das auf Seite 75 beschriebene Reiten kurzer Übergänge. Dabei kann der Reiter auf dem Weg zur Verbesserung der Durchlässigkeit seines Pferdes am Gelingen oder Nichtgelingen der Lektion gleichzeitig die Qualität seiner eigenen Einwirkung und damit die Richtigkeit seines Sitzes unter Einbringung von mehr oder weniger Körperspannung ablesen. Die Rückmeldung eines erfahrenen Ausbilders, der die individuellen Voraussetzungen seiner Schüler sehr gut einschätzen und berücksichtigen können sollte, ist auch hier unverzichtbar.

7.3 Galopparbeit

Aufbauend auf die bereits in den vorangegangenen Kapiteln beschriebene Galopparbeit (siehe Seite 52 ff.) liegt – ebenso wie in der Trabarbeit – nun natürlich auch im Galopp das Hauptaugenmerk auf der Stabilisierung der Versammlung. Die Arbeit auf dem Zirkel ist hierbei wesentlich und sollte von nachfolgend geschilderten Anforderungen geprägt sein.

Erarbeitung der Versammlung im Galopp – Beispiel für Gymnastizierung

Um den Reitschülern bei der Erarbeitung der Versammlung zu helfen, das richtige Maß („*so viel wie nötig, so wenig wie möglich*") zu finden, nutze ich häufig das Bild eines Menschen, der sich im Spagat verbessern möchte. Jeder kennt das Gefühl, wenn er beim Spreizen seiner Beine an seine Grenzen stößt und die Adduktoren anfangen zu ziehen, schlimmstenfalls sogar zu schmerzen. Konsequente Übung führt jedoch zur Verbesserung bei der Ausführung. Das Bild vom Spagat führt dem Reiter vor Augen, dass es auch beim Pferd erstens unterschiedliche körperliche Grundvoraussetzungen gibt,

Links:
Tanja Schneider, langjährige erfolgreiche Kaderschülerin, und Fashion Week von Weltmeyer im gut getragenen versammelten Galopp

also Unterschiede im Exterieur und in der Veranlagung, die die Qualität der Ausführung beeinflussen, es zweitens jedoch trotzdem keine echten Fortschritte gibt, wenn der Reiter nicht in den Grenzbereich von Anstrengung bis hin zu Schmerz geht. Nicht ohne Grund sprechen wir bei der Pferdeausbildung von Gymnastizierung! Gleichzeitig wird klar, dass in der Pferdeausbildung bei der Arbeit im Grenzbereich des Machbaren (zum Beispiel begrenzt durch Exterieur und Veranlagung) viel Einfühlungsvermögen nötig ist: Wenn mir Ungeübtem jemand im Spagat grob auf die Schultern drückt, werde ich mich mit Sicherheit wehren und nicht geduldig die schon schmerzenden Adduktoren loslassen, damit sie sich dehnen – so gesehen ist das Pferd also „auch nur ein Mensch".

Wie ein Pilot, der vor dem Start seine Checkliste durchgeht, empfehle ich als konkrete, logische Anleitung zur Erarbeitung reeller Versammlung ebenfalls, eine Checkliste in dieser Reihenfolge abzuarbeiten:

- Aufnehmen bis in den Grenzbereich der derzeit möglichen Tragkraft, in dem das Pferd in den Trab ausfallen möchte; erkennbar daran, dass es dem Pferd schwerfällt, den Galopp zu halten. Der Reiter lässt das Ausfallen jedoch nicht zu; dabei immer wieder Neuaktivierung von Takt und Fleiß (drei- bis viermalige Wiederholung mit nachgebender Reiterhand).
- Aufnehmen bis in den Grenzbereich bis zu dem Moment, in dem das Pferd in den Trab fallen möchte, dann jedoch wenigstens noch zwei, drei Galoppsprünge weiterreiten; anschließend im Trab ausbalancieren und wieder angaloppieren.
- Beide Varianten im Wechsel abrufen und die Trabreprise immer kürzer gestalten.
- Gleichmäßige Arbeit auf beiden Händen: mit viel Aufmerksamkeit auf die geforderte Stellung und Biegung achten sowie Umstellung beim Durchreiten der Mittellinie beim aus dem Zirkel wechseln über Trab.
- Aktivierung über Vergrößern der Galoppsprünge in Richtung Mittelgalopp
- Die Rückführung mit Zügel-Überstreichen beenden, um Gleichgewicht und Balance zu prüfen.
- Die Rückführung (Versammlung) durch Abwenden in eine Volte (anfangs 10 Meter, später auch acht Meter) weiter ausbauen.
- Am Ende der Volte erfolgt eine Parade zum Schritt.
  Durch das Abwenden und Weitertreiben, das in der Volte notwendig ist, wird es dem Pferd immer leichter fallen, die Last aufzunehmen, die es für die korrekte Parade zum Schritt benötigt.

Paraden zum Schritt und einfache Galoppwechsel

Gut gerittene Paraden aus dem Galopp zum Schritt, welche sicher und durchlässig vom Pferd angenommen werden, sind ein bedeutender Prüfstein für die Qualität von Versammlungsbereitschaft und Durchlässigkeit. Außerdem kann durch die im Folgenden beschriebene Vorgehensweise ein gravierender Zugewinn an konkretem Durchkommen sowie Rhythmusgefühl erreicht werden. Beides bildet besonders auch im weiteren Verlauf der Ausbildung, beispielsweise beim fliegenden Galoppwechsel, eine entscheidende Grundlage.

- Angaloppieren aus dem Schritt und nach wenigen Galoppsprüngen wieder durchparieren, dabei vorher festgelegte Anzahl an Galoppsprüngen mitzählen und einhalten.
- Durch Wiederholung die notwendige Durchlässigkeit für das Einfordern der gewünschten, vorab festgesetzten Sprungzahl erarbeiten.
  Hierbei wird der Erfolg des Leitspruchs *„so viel wie nötig, so wenig wie möglich“* bezüglich der Einwirkung nochmal besonders deutlich. Durch diese Übung entwickeln die Reiter relativ schnell das Gefühl für das Zusammenspiel der treibenden und verwahrenden Hilfen sowie den richtigen Moment für die Parade.
- Durch den Zirkel wechseln (halbe Volte – halbe Volte) mit einfachem Galoppwechsel (im Schritt drei bis fünf Schritte geradeaus auf der Mittellinie) für die Steigerung der Durchlässigkeit und Versammlungsfähigkeit beim Handwechsel.

Die auf dieser Arbeit aufbauend erreichte Versammlungsfähigkeit und das immer wieder durch Zügel-Überstreichen bestätigte Gleichgewicht sind Prüfsteine und Voraussetzungen für den in Klasse L verlangten Außengalopp, der nun erarbeitet werden kann.

Der Autor und D‘ Olympic auf dem Weg zur Weltmeisterschaft der jungen Pferde; auch wenn in dieser Momentaufnahme der Sitz des Reiters nicht der Idealvorstellung entspricht, sieht man, wie durch die reiterliche Einwirkung das dynamische Bergaufgaloppieren gefördert wird.

Der Außengalopp

Der Außengalopp ist in der Klasse L ein wichtiger Schwerpunkt und Prüfstein für die Qualität der Versammlung, des Gleichgewichts sowie der Einwirkung des Reiters. Die Grundlage für das Gelingen ist die vorher erarbeitete Versammlungsfähigkeit des Pferdes, aber in gleicher Weise die richtige Einwirkung des Reiters. Es hat sich bewährt, neben den in den „Richtlinien" beschriebenen Hilfen besonders auf die Blickrichtung des Reiters zu achten. Um die einseitig belastende Gewichtshilfe korrekt einzusetzen, hilft meist der Hinweis an den Reiter, den Blick auf das innere Auge des Pferdes zu richten (im Außengalopp rechts also auf das rechte Pferdeauge). Der sonst empfohlene Blick auf den Punkt, den man anreitet, ist im Außengalopp dagegen eher kontraproduktiv, da er leicht zu falscher Gewichtsverlagerung und somit bei ungefestigten Pferden oder solchen, die leicht fliegend wechseln, zum Umspringen führt.

Auch der Außengalopp wird vom Leichten zum Schweren erarbeitet: Hierfür empfehle ich aus der Ecke kehrt beziehungsweise die **Kehrtvolte.** Das Pferd wird dabei in relativ flachem Winkel an die lange Seite geritten, denn Außengalopp im Geradeaus bereitet den allermeisten Pferden kaum Probleme. Die nächste Ecke wird deutlich abgerundet und Mitte der kurzen Seite wird durchpariert. Der weitere Bogen und das rechtzeitige Beenden der Übung hilft, einem ungewollten Umspringen oder Ausfallen vorzubeugen; das Gelingen ist anschließend selbstverständlich mit Lob zu bestätigen.
Wenn diese erste Übung vom Pferd verstanden wurde und mehrmals abrufbar gelingt, sollte es nachfolgend kein Problem sein, durch sicheres Einwirken mit einseitig belastender Gewichtshilfe – gekoppelt an die vorbereitete Versammlungsfähigkeit und durch Aufnehmen und Weitertreiben – auch alle weiteren möglichen Außengaloppvarianten wie halbe Zirkel, durch die Bahn wechseln sowie die an verschiedenen Punkten geforderten einfachen Galoppwechsel sicher zu erarbeiten.

Treten trotz beschriebener Herangehensweise Schwierigkeiten auf, empfehle ich, mittels folgender altbewährter Problemanalyse vorzugehen:

- Sind die Grundlagen für den hier verlangten Schwierigkeitsgrad erreicht? Diese Analyse beinhaltet die selbstkritische Überprüfung der eigenen Hilfengebung, aber auch durchaus die Wiederholung beziehungsweise das Nachlesen der bis hierher beschrieben Grundlagen.
- Den sichersten und produktivsten Weg der Problemlösung zeigt jedoch immer der erfahrene Reitlehrer, der mit geschultem Blick sehr schnell in der Lage sein sollte, die Ursachen eines Problems zu erkennen und den entsprechenden Weg zur Korrektur aufzeigt.

8 Auf dem Weg zur Klasse M

Aufbauend auf den bisher erarbeiteten Grundlagen sind auf dem Weg zur Klasse M die Ausbildung von Seitengängen sowie das Erlernen der fliegenden Galoppwechsel die besonderen Herausforderungen der weiteren Arbeit.

8.1 Schrittarbeit

Auf dem Weg zur Klasse M ist die Steigerung an Versammlungsfähigkeit und Durchlässigkeit besonders im Hinblick auf das Erarbeiten der Seitengänge von zunehmender Bedeutung. Die weitere Erhaltung von Takt und Losgelassenheit und die dabei immer klarer zu unterscheidenden Schritttempi Mittelschritt, starker Schritt mit der entsprechenden Rahmenerweiterung sowie dem versammelten Schritt mit dem entsprechend verkürzten Rahmen und relativer Aufrichtung, sollten als Grundlage immer erhalten bleiben.

Inwieweit die Erarbeitung der **Seitengänge im Schritt** eine größere Rolle spielen sollte oder nicht, sollte man davon abhängig machen, ob es dem Reiter zuverlässig gelingt, genau diese Grundlagen – vor allem den Takt – zu erhalten. Das auf dem Weg zur Klasse L beschriebene Zirkel-Verkleinern im Wechselspiel mit Versammeln und schulterherein- beziehungsweise traversartigem Einstellen – immer wieder mit auflösender Wiederherstellung von Takt und Losgelassenheit – kann im Schritt als Vorbereitung zur Entwicklung von Gefühl beim Reiter und entsprechender Durchlässigkeit beim Pferd als Ausgangssituation hilfreich sein. Beim Auftreten von Taktproblemen oder Schwierigkeiten hinsichtlich Losgelassenheit oder Anlehnung wäre die Einbeziehung der Seitengänge im Schritt jedoch kontraproduktiv. Deshalb wird in der Regel empfohlen, die Erarbeitung der Seitengänge vor allem in die Trabarbeit zu nehmen.

8.2 Trabarbeit – die Seitengänge Schulterherein, Travers, Renvers

In der Trabarbeit sollte für das Reiten von Seitengängen die Ausgangssituation, also aufbauend auf die in Klasse L erreichte Versammlung und Durchlässigkeit, soweit gefestigt sein, dass es dem Reiter möglich wird, Takt und Schwung – bei gleichzeitig vermehrtem Aufnehmen, Einstellen und bei gleichzeitig vermehrten Schenkel- und Gewichtshilfen – zu erhalten, ohne dabei Probleme in Anlehnung und Gleichgewicht zu bekommen. Je spielerischer beziehungsweise zwangsloser dies gelingt, umso weniger Irritation und Abwehrreaktion des Pferdes, also weniger Undurchlässigkeit, tritt auf.

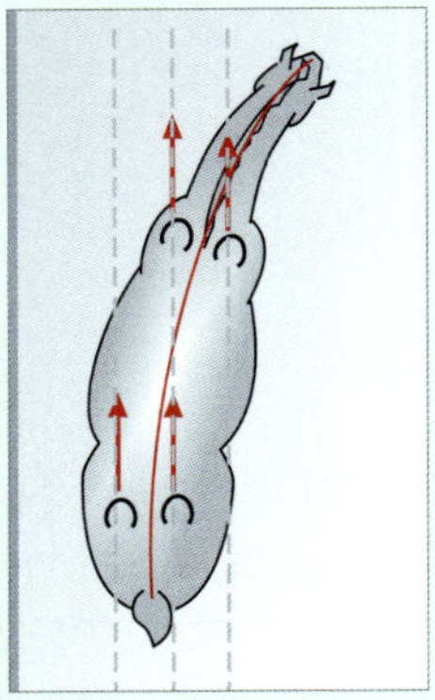

1. Hufschlag äußerer Hinterfuß
2. Hufschlag innerer Hinterfuß, äußerer Vorderfuß
3. Hufschlag innerer Vorderfuß, dazu die gewünschte Längsbiegung, Stellung und Anlehnung bei Erhalt von Takt und Schwung

Den Anfang sollte immer das **Schulterherein** bilden! Es ist völlig zu Recht eines der wichtigsten Prüfsteine der Ausbildung und somit Gradmesser der richtig verstandenen diagonalen Hilfengebung sowie der M-Reife für Reiter und Pferd. Aus diesem Grund wird es auch gern von vielen Ausbildern als „Mutter der Seitengänge" bezeichnet. Gerade an dieser Lektion wird noch einmal deutlich, warum ich mich für dieses Buch an den Schreibtisch gesetzt habe: Es reicht eben nicht aus, theoretisch zu wissen, wie ein Schulterherein korrekterweise aussehen sollte und die dafür entscheidenden Kriterien auswendig zu kennen.

Wenn ein Reiter mit seinem Pferd nicht die erforderlichen Grundlagen erarbeitet hat, kommt es – wie in vielen Reithallen zu sehen – trotz der Theoriekenntnisse zur x-maligen Wiederholung der Lektion, wobei jeder „Versuch" von mehr oder weniger zufälligen Fehlern begleitet wird, und keine reell abrufbaren Verbesserungen eintreten.

Deswegen verweise ich gerade an dieser Stelle auf den wichtigsten Grundsatz der Ausbildung beim Auftreten von Fehlern:

1. Analyse, auf welchem Punkt in der Ausbildungsskala der Fehler beruht
2. Rückkehr zu den Grundlagen

Die in Kapitel 6.4 beschriebene Herangehensweise zum Erlernen der diagonalen Hilfengebung und die in diesem Zusammenhang stehenden Lektionsfolgen aus Kapitel 7.2 (Übertreten auf dem Zirkel, kombiniert mit dem anschließenden Geraderichten, das schlussendlich zur gewünschten Längsbiegung und dem für die Versammlung notwendigen Schmalspurgehen führt: innerer Hinterfuß tritt unter das Reitergewicht und nimmt somit die Last auf) bringen das nötige Reitergefühl, Gleichgewicht und Durchlässigkeit des Pferdes. Das anfangs bewusst in Kauf zu nehmende „etwas Zuviel" und „etwas Zuwenig" in der Ausführung führt im Sinn von „aus Fehlern entsteht die Erkenntnis zur Korrektur"[2] zu immer mehr Selbstkontrolle für das richtige Maß an Einwirkung

[2] nach Eckhard Meyners, Dozent für Sportpädagogik i.R.; Autor zahlreicher Bücher und Aufsätze zur Reitlehre als Bewegungslehre und reitpädagogischen Themen

Im Schulterherein

und somit zur Abrufbarkeit der jeweils erforderlichen Durchlässigkeit. Nicht selten erlebe ich völlig frustrierte Reitschüler, weil sie – sei es aufgrund eigener übersteigerter Perfektionsansprüche oder der ihrer Reitlehrer – beim Reitenlernen fast verzweifeln. Dabei kann die Herangehensweise, einen kleinen Fehler zu riskieren oder zuzulassen und daraus wiederum den richtigen Schluss zu ziehen, den Kampf in Kopf und Körper lösen. Wie man weiß, übertragen sich die negativen Gefühle des Reiters sehr stark auf das Gehen des Pferdes – deshalb also immer wieder zurück zu den Grundlagen. Wenn diese stimmen, werden uns die Lektionen wie reife Früchte in den Schoß fallen.

Christina Thieme und Dozent im Schultervor

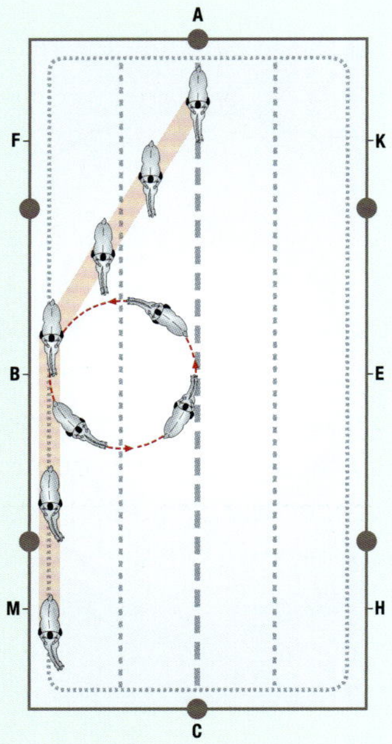

Schenkelweichen – Volte – Schultervor

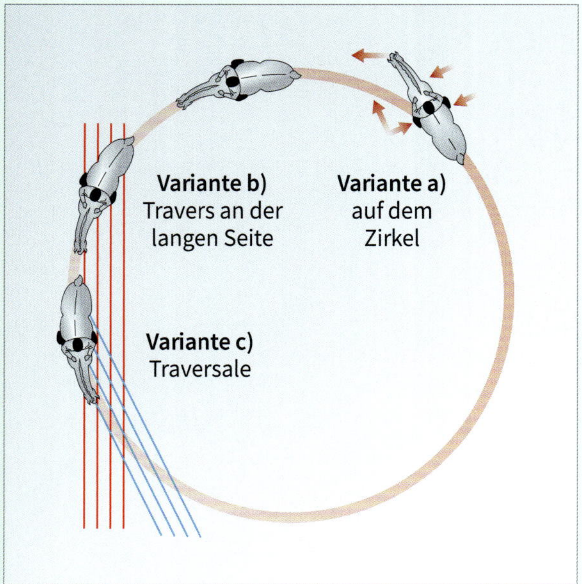

Die Hinführung über Zirkelarbeit – Schenkelweichen – Volte – Schultervor wurde schon beschrieben und kann nun immer genauer erarbeitet werden.

Deutlich schwerer fällt es in der Regel Reiter und Pferd, die für das **Travers** verlangte Stellung in Bewegungsrichtung zu erarbeiten. Die Vorarbeit hierfür hinsichtlich Takt, Schwung, Haltung, Längsbiegung und Einstellung auf die drei Spuren wurde in der für den Schritt beschriebenen Herangehensweise für das Zirkel-Verkleinern erläutert (siehe Kap. 7.1, Seite 71). Die Hilfengebung, die es ermöglicht, auf einem gut ausgebildeten und durchlässigen Schulpferd ein korrektes Travers zu reiten, wird vom erst noch auszubildenden Pferd häufig nicht gleich angenommen und umgesetzt – das Pferd ist eben kein Automat mit eingebauten Lektionen. Das Nichtgelingen der Übung führt beim unerfahrenen Reiter schnell zu Frust und unverhältnismäßig starker Einwirkung. Um dem vorzubeugen und Zwanglosigkeit in der Arbeit zu erreichen beziehungsweise zu erhalten, erziele ich in Vorbereitung für das Reiten des Travers im Trab die besten Ergebnisse bei Reiter und Pferd, indem ich mit folgendem Hinweis arbeite: die Vorhand auf normal großem Zirkel auf einen größeren Kreisbogen als die Hinterhand zu bringen. Dies gelingt durch den inneren, vermehrt wirkenden Schenkel und die einseitig belastende Gewichtshilfe bei gleichzeitigem Halten der Stellung und äußerem verwahrendem Schenkel; die Pferdestirn zeigt in Bewegungsrichtung. Diese Einwirkung bestimmt, jedoch nicht zu lang aufrechterhalten, sondern anschließend auf der normalen Zirkellinie Takt – Tempo – Anlehnung wiederherstellen und die Übung wiederholen.

Entwicklung des Travers auf dem Zirkel (mit dem Gedanken: Vorhand – größerer Kreis, Hinterhand – kleinerer Kreis), daraus ins Travers bzw. in die Traversale

Diese Herangehensweise führt in der Regel zu mehr Konzentration auf die Erhaltung der Grundvoraussetzungen Takt, Losgelassenheit, Anlehnung, Schwung und schult Sitz und Einwirkung des Reiters, das heißt die Wirksamkeit der Hilfen, ohne dabei durch zu frühen Perfektionismus (der erst später in der an die Aufgaben angelehnten Lektion erwartet wird) Undurchlässigkeit und Verkrampfung (bei Pferd und Reiter) zu provozieren. Sind auf dem Zirkel die Traverseinstellung, Takt und Anlehnung abrufbar, wird es in der Regel auch immer einfacher, das Travers an der langen Seite zu reiten. Dabei ist bei Verlust einer der oben genannten Grundlagen die gewünschte Längsbiegung jeweils durch Abwenden auf den Zirkel oder in die Volte wiederherzustellen.

Christina Thieme auf Seldom von Sancisco in der Links-Traversale

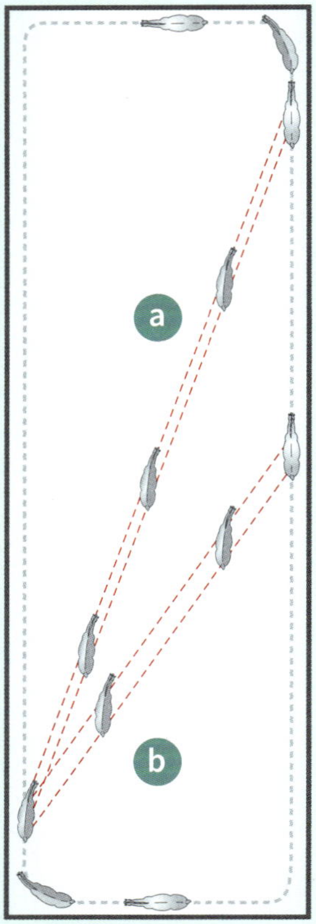

a) Traversale am Anfang der Ausbildung, noch besser nur halbe Traversale bis zur Mittellinie
b) Traversale mit fortgeschrittenem Pferd

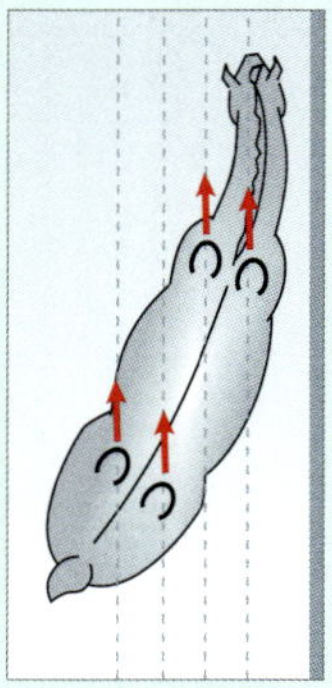

Travers links

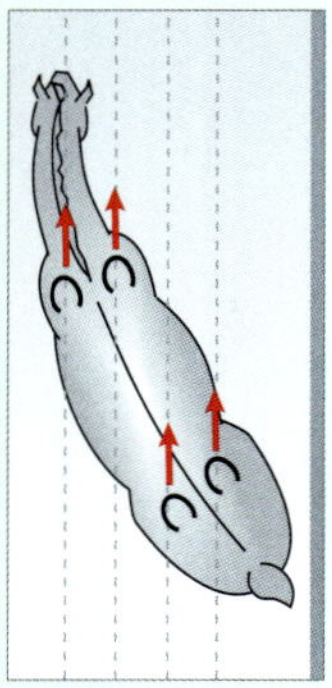

Renvers rechts

Ist das Travers sicher abrufbar, sind die **Traversalen** eigentlich kein wirkliches Problem mehr, sofern man verstanden hat, dass die Traversale auch nur als ein Travers entlang einer gedachten diagonalen Linie geritten wird.

Entscheidend für den Erhalt der Längsbiegung ist das Vorherrschen der inneren Hilfen (innerer Schenkel, innere Hüfte, innerer Gesäßknochen) sowie der Gedanke an Stellung in Bewegungsrichtung. Der äußere Schenkel, der von vielen unerfahrenen Reitern häufig zu viel eingesetzt wird und dadurch dem Erhalt der Längsbiegung entgegensteht, nimmt im Grunde die Hinterhand eher nur mit. In der Ausbildung ist es besonders wichtig, dies durch am Anfang eher langgezogene Traversalen beziehungsweise entsprechend der in den Skizzen dargestellten Korrekturen zu erarbeiten:

Die aufgeführten Beispiele ermöglichen es dem Reiter, durch Wiederholung dieser oder ähnlicher Lektionsfolgen die Durchlässigkeit der für die Traversale charakteristischen Längsbiegung und Stellung in Bewegungsrichtung zu erarbeiten und zu festigen. Dabei kann es bei jungen oder undurchlässigen Pferden auch einmal nötig werden, über ein Viereck-Verkleinern den eigentlich äußeren Schenkel kurzfristig zum inneren, seitwärtstreibenden zu machen, um die Hilfe durchzusetzen: Diese Maßnahme darf jedoch nicht als Erarbeiten der Traversalen bezeichnet oder verstanden werden, sondern als Korrektur beziehungsweise vorbereitende Abfrage, ob das Pferd den äußeren Schenkel annimmt, diese Hilfe also „durchlässt".

Da der von mir sehr geschätzte Seitengang **Renvers** in den heutigen Dressuraufgaben kaum mehr eine Rolle spielt, ist bei vielen Ausbildern und Reitern auch der Sinn dieser Übung offensichtlich verloren gegangen: So wurde in einer Dressuraufgabe der Klasse M Renvers an der langen Seite ohne vorherige Wendung ver-

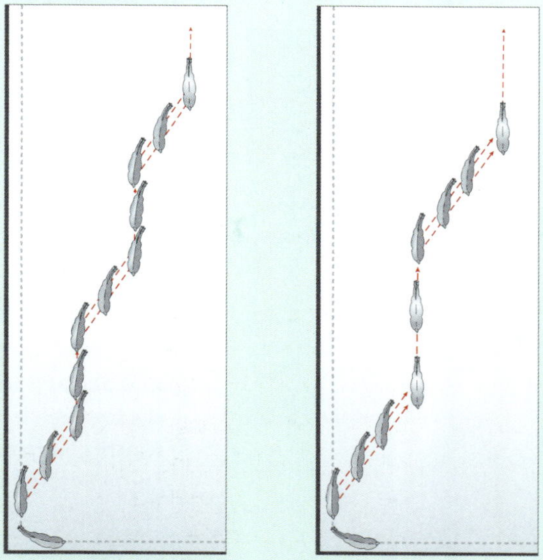

Links: Traversale im Wechsel mit Schulterherein

Rechts: Traversale – Geraderichtung – Traversale

langt, was überhaupt keinen Sinn ergibt und für Reiter und Pferd entsprechend unangenehm umzusetzen ist.

Vielmehr erschließt sich der Sinn des Renvers beim Reiten aus einer Wendung, zum Beispiel einer halben Volte mit anschließendem Renvers an der Mittellinie entlang, oder entsprechend der Größe einer gerittenen halben Volte an einer gedachten Linie zurück.

Eine andere Möglichkeit, das Renvers sinnvoll einzuleiten, ist die Lektionsfolge (s. nachfolgende Abbildung):

- Travers bis zum Wechselpunkt →
- kehrt via Kurzkehrtwendung →
- Renvers zurück

Im Schritt geritten kann gerade diese Übung helfen, das Gefühl, die Durchlässigkeit und das Verständnis für das Kurzkehrt deutlich zu verbessern. So wurde es jedenfalls schon von meinen älteren Vorbildern gelehrt, und dem Reiter erschließt sich bei entsprechender Herangehensweise auch recht schnell der Sinn der Lektion.

Christian Hartung hat wie alle abgebildeten Reiter in diesem Buch lange beim Autor gelernt und erntet nun seine Erfolge in den USA; hier mit Desario 2022 und 2023 bei den Kalifornischen Meisterschaften in Grand Prix und Kür.

8.3 Galopparbeit

Der fliegende Galoppwechsel

Der fliegende Galoppwechsel ist – neben den Grundlagen, die immer mehr hinsichtlich Stabilität von Takt, Losgelassenheit, Schwung (Kadenz), Anlehnung, Geraderichtung und Versammlung vorangebracht werden – die Schlüssellektion der Galopparbeit zur Klasse M.

Nun besteht jedoch ein riesiger Unterschied zwischen dem Nachreiten eines fliegenden Galoppwechsels auf einem ausgebildeten Pferd und dem deutlich schwierigeren Thema: Wie bringe ich es meinem Pferd bei? Da das Ausbilden mehr dem Anliegen meiner Ausführungen entspricht, sollen hier einige Beispiele und Gedanken beschrieben werden, die sich aus einer Vielzahl von möglichen Varianten zum Erarbeiten des fliegenden Wechsels als besonders funktional erwiesen haben.

Ein hohes Maß an Sicherheit in der Abrufbarkeit der bereits beschriebenen Lektionen bildet dabei die Grundlage. Vor allem das Wechselspiel zwischen „Zündung“ (Aktivierung) und Kontrolle (verhaltendes Beruhigen) mit prompten Reaktionen auf die Hilfen in beide „Richtungen“. Dies sind wichtige Voraussetzungen für den nötigen Wechselreflex.

Sitz und Einwirkung

Natürlich ist die richtige Hilfengebung eine ganz wichtige Voraussetzung für das Gelingen des fliegenden Galoppwechsels, aber gerade bei dieser Lektion wird besonders deutlich, dass das förmliche Beschreiben von Sitz und Schenkellage für das Gelingen vollkommen unzureichend ist. Vielmehr bilden das Gefühl für Takt und das Trainieren des Timings der Hilfen die entscheidende Grundlage. Eine wichtige Voraussetzung dafür erreicht man zum Beispiel durch das schon auf dem Weg zur Klasse L beschriebene Zählen einer festgelegten Anzahl von Galoppsprüngen vom Angaloppieren bis zum Durchparieren.

Um für ein korrektes Training den Ablauf des Galoppsprunges zu erfühlen, hat es sich sehr bewährt, dem Reitschüler durch ein auch den Takt unterstützendes *„Jetzt, jetzt, jetzt“* den exakten Moment der Wechselhilfe – nämlich auf den jeweiligen inneren Vorderfuß, den Moment der Einbeinstütze – an- beziehungsweise vorzusagen, da diese unmittelbar in die freie Schwebe übergeht, in der es dem Pferd möglich ist, zu wechseln.

Mit dem Hinweis *„Der Erfolg des Wechsels liegt in der Vorbereitung“* sollte dem Reitschüler klargemacht werden, dass die nachfolgende gedankliche Abfolge eine unverzichtbare Grundlage für einen gelungenen Wechsel darstellt:

- Schwung zum inneren Vorderfuß (durchtreibende Hilfen, Galoppsprung reiten, Durchsprung erhalten)
- Schultervor bis zum geplanten Wechselpunkt
- leichte Steigerung von Kadenz und Versammlung (Aufbau einer positiven Spannung)
- halbe Parade mit gleichzeitigem Schenkelumlegen im Moment der Einbeinstütze (dem *„Jetzt“*-Moment)
- dabei wenig Umstellung und/oder wenig Gewichtsverlagerung (nur Vorschieben des inneren Gesäßknochens ohne Oberkörperdrehung)

Darüber hinaus sind es jedoch auch in hohem Maße die zum Wechsel führenden taktischen Varianten, die einen großen Anteil zum Gelingen desselben beitragen.

Wege zum fliegenden Galoppwechsel

Die üblichste Variante, den fliegenden Galoppwechsel zu reiten, ist wohl, diesen nach dem Wechseln durch die ganze Bahn beim Erreichen des Hufschlags anzulegen. So gelingt es erfahrenen Reitern häufig – nicht zuletzt, weil junge Pferde noch nicht so stark ausbalanciert sind – das Pferd ähnlich einem Springreiter schon durch Schenkel- und Gewichtsverlagerung umspringen zu lassen. Dieses relativ einfache und zwanglose Vorgehen beinhaltet sowohl Vor- als auch Nachteile, die der Ausbilder kennen sollte: Von Vorteil ist die bereits erwähnte lockere, zwanglose, fast spielerische Weise, bei der die natürliche Art des Pferdes, wie im Freilauf oder auf der Koppel umzuspringen, genutzt wird. Ein Nachteil entsteht, wenn das Pferd sich – was nicht so selten ist – dabei angewöhnt, in zwei Phasen zu wechseln, also erst nur mit den Vorderbeinen um- und dann mit den Hinterbeinen nachzuspringen. Ist der Bewegungsablauf für diese Art umzuspringen beim Pferd erst einmal gefestigt, wird es in der Regel schwer, diesen zu korrigieren. Ein weiteres häufig auftretendes Problem ist, dass die Pferde sich sehr schnell merken, an welchem Punkt der Reiter wechseln möchte und deshalb anfangen, undurchlässig zu werden, zu stürmen und den Wechsel – deshalb leider auch falsch gesprungen – vorwegzunehmen: Der Reiter kommt in dieser Situation also gar nicht mehr zum richtigen Einwirken.

Wenn es um Kontrolle geht, kann man in einer weiteren Variante den fliegenden Wechsel über Durchparieren und erneutes Angaloppieren entwickeln. Dabei wird der Moment zwischen Durchparieren und Angaloppieren immer mehr verkürzt. Für das Gelingen des Wechsels aus dieser Variante heraus sind neben dem Geschick des Reiters für die richtige Abstimmung der Hilfen ein hoher Versammlungsgrad bei gleichzeitigem Erhalten der Aktivität des Pferdes erforderlich.

Konrad Müller war 2010 als Auszubildender Sieger im Bundesberufswettbewerb der Pferdewirte in Warendorf (hier auf Sir Nymphenburg)

Die von mir bevorzugte Variante ist deswegen die Entwicklung des fliegenden Galoppwechsels aus dem Außengalopp auf weitem Zirkel. Dabei sollte zunächst viel Wert auf das gleichzeitig aktive, wie kontrollierte Galoppieren gelegt werden. Diese Herangehensweise bietet mehrere Vorteile:

- Der Punkt des Umspringenlassens ist nicht festgelegt, der Wechsel kann an jeder beliebigen Stelle auf dem Zirkel erfolgen.
- Dadurch besteht immer wieder die Gelegenheit, die Grundlagen (Takt, Fleiß, Anlehnung) im Außengalopp zu kontrollieren und gegebenenfalls zu korrigieren.
- Die bei der Vorbereitung des Wechsels entstehende positive Spannung, die aus dem Vorbereiten, dem Zurücknehmen des ehemaligen inneren Schenkels, der zum äußeren wird, resultiert, kann je nach Bedarf weiter aufgebaut beziehungsweise bei zu viel Spannung auch wieder abgebaut werden.
- Wiederholungen bei misslungenen Versuchen sind unkompliziert und werden durch die auf den bekannten Grundlagen basierende Kontrolle im Außengalopp immer mehr vom Pferd selbst angeboten. In der Regel begreift es recht schnell, dass es anstrengender ist, den Außengalopp beizubehalten, als in den Handgalopp umzuspringen.

Zu Anfang empfehle ich, jegliches Wechseln – ob nach der Hilfe, in zwei Phasen oder vor der Hilfe – immer durch Lob positiv zu bestätigen und nur wenig mit korrigierenden Maßnahmen zu arbeiten. Erst wenn das Pferd beginnt mitzudenken und eventuell auch schon einmal unaufgefordert umspringt, wird es wichtiger, mehr in Richtung Kontrolle zu denken und zunehmend auf das „Auf-die-Hilfen-Warten" Wert zu legen. Hierbei ist wiederum das Sichern des Außengalopps sehr hilfreich. Es geht darum, dem Pferd verständlich zu machen, dass sein Vorwegnehmen des fliegenden Wechsels nicht erwünscht ist.

Aufbauend auf die auf diesem Weg erarbeitete Sicherheit beim Aktivieren für den gewollten fliegenden Wechsel und die Ausübung beruhigender Kontrolle, um spontane Wechsel zu unterbinden, lassen sich die Schultervor-Vorbereitung sowie alle weiteren zuvor beschriebenen Gedankengänge an jeden beliebigen Wechselpunkt verlagern.

An dieser Stelle bemerkte eine meiner Korrekturleserinnen „Das hört sich so einfach an" – und ja, genau so sollte es auch sein, vorausgesetzt, man hat all die vorher beschriebenen Voraussetzungen verstanden und konsequent und zielstrebig als Grundlage erarbeitet. So mancher meiner Reitschüler ist verblüfft, *wie* leicht es bei entsprechender Herangehensweise geht: Zum einen völlig unerfahrene Schüler, die auf einem auf diesem Wege ausgebildeten Schulpferd ihren ersten Aha-Effekt hatten, einen fliegenden Wechsel zu fühlen. Auf diesem Wege gelingt es aber ebenso, Fehler zu korrigieren, die während der Ausbildung und in der Lernphase passieren.

Ursachen, die zum Misslingen eines Wechselversuchs führen, sind jedoch so vielschichtig, dass sie aus meiner Sicht nur in der praktischen Reitstunde zu analysieren und zu korrigieren sind. Nicht selten heißt es dann jedoch genauso: Stopp, zurück zu den Grundlagen.

Erfahrungsgemäß kann man anfangs durch Wiederholung am immer gleichen Wechselpunkt dem Pferd das Lernen erleichtern, das heißt ihm helfen, zu verstehen und mitzudenken. Sobald das Pferd allerdings beginnt, den Wechsel selbstständig vorwegzunehmen oder sich den Hilfen zu entziehen, sollte die Arbeit zwischen den Wechseln sowie das Verlagern der Wechselpunkte die größere Rolle spielen. Auch in dieser Arbeit findet sich wieder eine Art Balance zwischen der einen und der anderen Herangehensweise. Es gilt herauszufinden, welcher der Schlüssel zum Erfolg ist.

Als eine der wichtigsten Grundlagen in Vorbereitung und Arbeit zwischen den fliegenden Wechseln empfiehlt sich die Durchlässigkeitsarbeit auf dem Zirkel, die ich abwechselnd in der Abfolge traversartiges Zirkel-Verkleinern – Geraderichten auf gebogener Linie – schulterhereinartiges Zirkel-Vergrößern empfehle.

Da es sich hierbei um eine sehr kräftezehrende sowie in Sachen Konzentration anstrengende Arbeit handelt, muss darauf geachtet werden, spätestens nach zwei bis drei Wiederholungen regelmäßig ausreichende Erholungsphasen einzulegen.

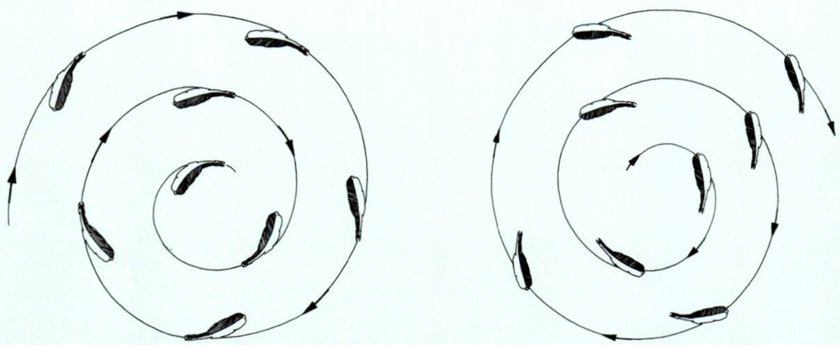

Zirkel verkleinern im Travers

Zirkel vergrößern im Schulterherein

Ein wichtiger Prüfstein ist die daraus entwickelte Galopptraversale, die im Wechsel mit Geradeaus in Stellung besonders verbessernd auf Einwirkung und Geraderichtung wirkt.

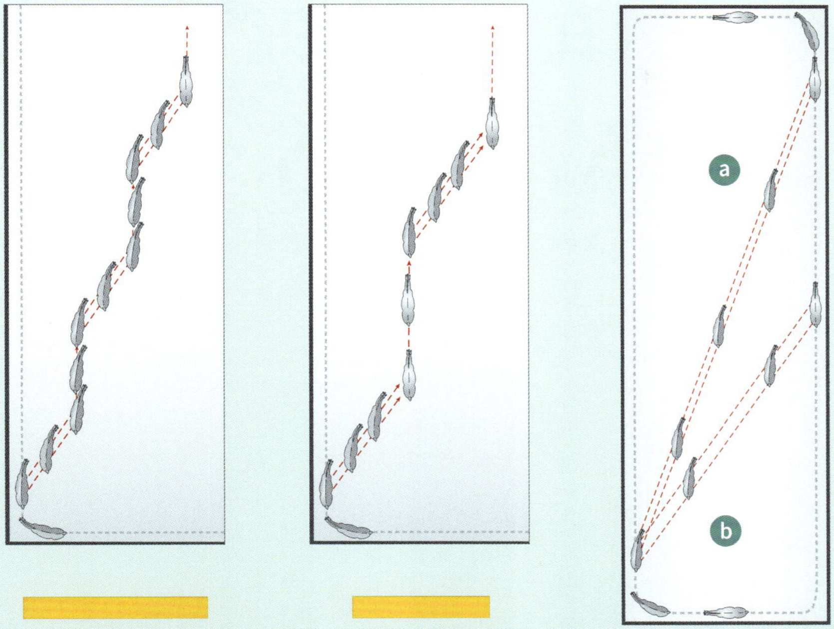

Traversale – Schulterherein – Traversale

Traversale – Zulegen – Traversale

a) Langgezogene Traversale mit geringer Längsbiegung am Anfang der Ausbildung

b) Steilere ganze Traversale mit vermehrter Längsbiegung für das fortgeschrittene Pferd-Reiter-Paar

Wie schon für die gesamte Durchlässigkeitsarbeit beschrieben, bildet das Wechselspiel zwischen „Aktivierung“ und „Kontrolle“ (Beruhigung) besonders in der weiterführenden Ausbildung die Grundlage für eine immer kürzere Abfolge schwieriger Lektionen, so auch für fliegende Galoppwechsel zu immer weniger Sprüngen. Dabei sollte in der Ausbildung anfangs der Schwerpunkt auf jeden Fall auf dem richtige Fühlen (Timing), Vorbereiten und auf der Qualität (gerade, mit Durchsprung, bergauf) jedes einzelnen Wechsels liegen, bevor – wie in schwierigen Lektionen/Aufgaben der Klasse M verlangt – mehrere Wechsel auf einer Diagonalen geritten werden. Wenn die fliegenden Wechsel jedoch wie oben beschrieben erarbeitet worden sind und nicht, von falschem Ehrgeiz getrieben, zu früh und zu viel vom Pferd verlangt wurde, wird diese Lektion sowie das später in Klasse S verlangte Abzählen der Galoppsprünge zwischen den Wechseln kein großes Problem darstellen.

9

Auf dem Weg zur Klasse S

Die entscheidende Basis für die in Klasse S verlangten immer schwierigeren Lektionen beziehungsweise schnellen Lektionsfolgen bildet die auf einem enormen Versammlungsgrad beruhende Durchlässigkeit des Pferdes.

Grundsätzlich kann man die Ausbildungsarbeit zur Klasse S in zwei wesentliche Abschnitte unterteilen:

- St.-Georg-Niveau (S 1 bis Inter I) ohne Piaffe oder Passage und mit Tempiwechseln bis zu zwei Sprüngen
- Grand-Prix-Niveau (S*** Inter II bis Grand Prix Special) mit Piaffe, Passage und Wechseln von Sprung zu Sprung (Einerwechsel)

Inwieweit Reiter und Pferde den zweiten Abschnitt erreichen, ist in hohem Maße von geistigen und körperlichen Voraussetzungen des Pferdes – und nicht selten auch des Reiters – abhängig und durchaus nicht selbstverständlich. Das Vorgehen, sich am steigenden Schwierigkeitsgrad der im Aufgabenheft verlangten Lektionen zu orientieren, ist durchaus hilfreich und sinnvoll.

9.1 Schrittarbeit

Die Losgelassenheit sowie die natürliche Gangreinheit zu erhalten, stellt besonders für den Erhalt des Taktes im Schritt eine große Herausforderung dar und wird deswegen nicht ohne Grund in Prüfungen doppelt bewertet. So wird sich sehr bald zeigen, wie ernst, wichtig oder richtig jeder Ausbilder diesen schon am Anfang der Ausbildung stehenden Grundsatz gerecht werden konnte, bei vermehrtem An-die-Hilfen-Stellen Takt und Losgelassenheit nicht zu vernachlässigen.

Die unterschiedlichen Gangmaße zeigen in der Kombination deutlich den Erfolg der Ausbildung:

- Von taktrein mit leichter Rahmenerweiterung am Zügel und gutem Überfußen und vom Reiter eingehend in die Nickbewegung des gezeigten Mittelschritts
- bis zum Entwickeln von maximalem Raumgriff und Fleiß im starken Schritt
- sowie die Rückführung in die Versammlung ohne Verlust von Takt und Fleiß,
- die zunehmende relative Aufrichtung bis in die Schritt-Pirouetten, die entsprechend der Anforderung der in Klasse S verlangten Bezeichnung „Pirouette“ deutlich zentriert und sicher abfußend gelingen sollten.

9.2 Trabarbeit

Gedanken zur Arbeit an der Hand

Um den in Klasse S gewünschten Versammlungsgrad sowie die damit in Zusammenhang stehende Durchlässigkeit zu erreichen, sollte sich jeder Reiter (Ausbilder) früher oder später mit dem Thema Handarbeit auseinandersetzen, um die für so schwierige Lektionen verlangte Tragkraft und Hankenbeugung zu erarbeiten. Auch wenn erst ab Intermediaire-II-Prüfungen die im Trab höchste Form an Tragkraft – die Piaffe – sowie an Kadenz – die Passage – verlangt wird, kann gut ausgeführte Handarbeit in der vorangehenden Ausbildung sehr hilfreich sein.

Der Autor und D'Olympic bei der Arbeit an der Hand

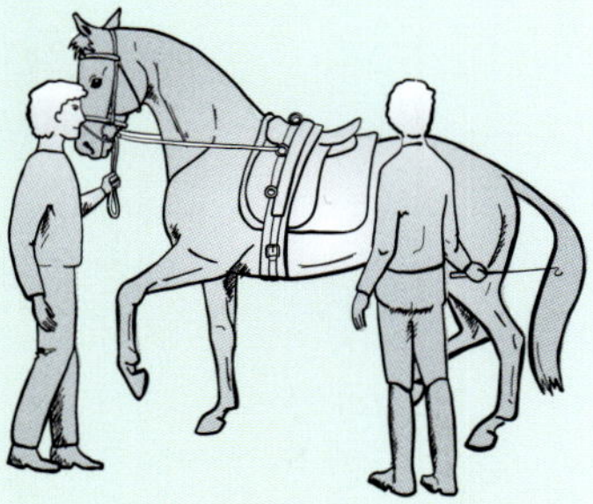

Arbeit an der Hand mit einem Helfer ohne Longe aber mit Führzügel

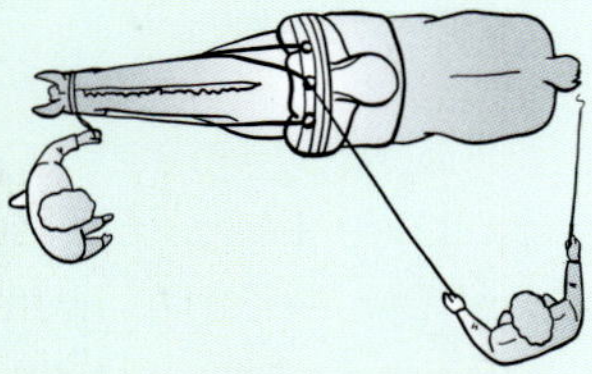

Zusätzliches Anbringen einer Longe am äußeren Trensenzügel

Beispiel Handarbeit Postion am Kopf des Pferdes

Aus meiner Erfahrung heraus möchte ich keine der in verschiedenen Lehrbüchern beschriebenen Handarbeitsmethoden favorisieren. Ob klassische Doppellongenausbildung oder Hand an Kopf und Gerte an Hanke, Sprunggelenk oder Schenkellage – die Methoden, wie sie Egon von Neindorff, Franz Kukuk oder Fritz Stahlecker beschreiben, haben alle ihre Berechtigung. Entscheidend ist in meinen Augen weniger die Methode als vielmehr Horsemanship, Einfühlungsvermögen und das Geschick des Ausbilders. Auch die Pferde reagieren unterschiedlich auf verschiedene Herangehensweisen. Um herauszufinden, mit welcher man den gewünschten Erfolg erzielt, sollte jeder Reiter/Ausbilder sich eingehend mit dem Thema befassen und bei einem guten Lehrmeister fortbilden, um den passenden Weg für sich und sein jeweiliges Pferd zu finden.

Verkürzte Tritte unter dem Reiter in die Piaffe und Passage

Ähnlich wie bei der Handarbeit funktioniert das Erarbeiten von Piaffe und Passage auch unter dem Reiter.

In der *Rahmentrainingskonzeption im Reitsport – Dressur* [3] wird die Hilfengebung sehr gut wie folgt beschrieben:
„Bei der Hilfengebung in der Piaffe kommt es darauf an, das Pferd so wenig wie möglich zu stören, aber so viel wie nötig zu unterstützen. Mit halben Paraden wird das Pferd vermehrt aufgenommen und die Hinterhand aktiviert. Der Reiter richtet sich vermehrt auf, behält seine positive Körperspannung bei und stabilisiert seine Mittelpositur. Durch eine Kippbewegung des Beckens in Verbindung mit einem im Bügel durchfedernden Absatz wird die Piaffe eingeleitet. Die Schenkelhilfen wirken treibend, das heißt, das Pferd holt sich die treibende Einwirkung durch die seitliche Verschiebung des Rumpfes selber ab. Die durch das Treiben geforderten Tritte werden durch halbe Paraden abgefangen und aus der Vorwärtsbewegung nahezu auf die Stelle umgeleitet. Die Erhaltung des klaren Zweitaktes

[3] Herausgeber Deutsches Olympisches Komitee für Reiterei e.V. (DOKR), Warendorf 2019 (aktualisiert 2022), Seite 121

ist in der Piaffe von entscheidender Bedeutung. Daher muss der Reiter den Auf- und Abbewegungen des Rückens geschmeidig folgen und im Gleichgewicht sitzen. Er darf den Bewegungsablauf nicht stören, sondern muss durch seinen Sitz das Pferd unterstützen und es ihm so leicht wie möglich machen. Der Reiter muss sicherstellen, dass das Pferd in sich geradegerichtet ist und in den versammelten Tempi willig und mühelos die Last mit der Hinterhand aufnehmen kann."

Gut umgesetzt ergänzen sich das Vorgehen an der Hand und unter dem Reiter ganz vortrefflich. Das Pferd kann erkennen, was der Ausbilder eigentlich meint – so wie die beschriebene Herangehensweise über den Antritt aus dem Schritt zu verkürzten Trabtritten und zum Wieder-Durchparieren über zwei, drei Trabtritte mehr, als das Pferd anbietet, in Verbindung mit gefühlvoller Gertenhilfe. Die so erarbeiteten ersten piaffeartigen Tritte werden durch Lob und Belohnung bestätigt und führen – bei Geschick und Bescheidenheit an die Anzahl der Tritte, ohne zu frühe perfektionistische Vorstellung – zu Abrufbarkeit. Frühe Belohnung vermeidet ein Überforderungsgefühl beim Pferd, das sehr leicht entstehen kann. Der Gedanke, wenige Tritte zu verlangen, fördert die Bereitschaft der Pferde für eine willige Wiederholung. Darauf aufbauend fällt es relativ leicht, einem Antritt den nächsten folgen zu lassen und damit die Weiterentwicklung zu mehr Tritten zu sichern.

Christina Thieme und Coffee To Go von Count Up x Juventus – auch die Natur kann zur Gymnastizierung schwerer Lektionen beitragen.

Bei den ersten Versuchen verkürzter Tritte ist häufig zu bemerken, dass einige Pferde mehr zu passageartigem Schwingen, andere eher zu kurzem, fleißigem, piaffeartigem Unterfußen neigen. Allgemein empfehlen fast alle Ausbilder bei diesen ersten Versuchen, das anzunehmen, was das Pferd anbietet, und dann den Übergang jeweils in die eine oder andere Richtung zu fördern. Dabei stellt sich allerdings heraus, dass der Übergang aus den die Last tragenden Piaffetritten ins vermehrte Vorwärts zur Passage in der Regel leichter gelingt, als umgekehrt den großen Schwung der Passage in das Lastaufnehmen der Piaffe zurückzuführen. So wird in der „klassischen" Herangehensweise meist erst zur Erarbeitung der Piaffe und dann zur Passage geraten. Letztendlich bleiben vor allem die Übergänge von Piaffe zur Passage und umgekehrt das Hauptthema. Die dafür notwendige Balance in Takt und Gleichgewicht zeigt die Qualität der Ausbildung sowie die bisher erreichte Tragkraft an.

Um von der Piaffe in die Passage zu gelangen, bleibt der Oberkörper des Reiters aufgerichtet. Durch vortreibende Hilfe und leichtes Nachgeben mit der Hand, bei dem man an Trab denken sollte, wird der erste Tritt nach vorn herausgelassen, um dann die nächsten Tritte sofort wieder mit halben Paraden abzufangen.

Um von der Passage in die Piaffe überzugehen, muss der Reiter wiederum bestrebt sein, mit den halben Paraden sowie den treibenden Schenkelhilfen und richtiger Becken- und Oberkörperaufrichtung ohne Schwungverlust die eher trabartige Bewegung der Piaffe nach und nach über immer mehr Hankenbeugung fast auf die Stelle zu bringen.

Nachdem das Pferd durch die unterstützende Arbeit des Ausbilders vom Boden die Grundlagen erlernt und verstanden hat, liegt ein besonderer Wert in der Erfüllung der schwierigen Aufgabe, die Leistungsbereitschaft der Pferde derart zu erarbeiten und/oder zu erhalten und diese ohne Unterstützung von unten auch unter dem Sattel abrufbar zu machen.

Dabei wird sich das Geschick des Reiters vor allem dadurch zeigen, das richtige Maß hinsichtlich

- Durchsetzungsvermögen (bei los geht's los, Antritt fordern),
- Einfühlungsvermögen (passives Sitzen, um die Eigenbalance des Pferdes nicht zu stören) und
- Bescheidenheit (Überforderung vermeiden, durch Lob nach nur wenigen guten Tritten)

zu finden. Hat das Pferd grundsätzlich verstanden, was von ihm verlangt wird, sollte der Reiter den Fokus vor allem darauf richten, die Lust und Freude des Pferdes an diesen Lektionen zu erhalten.

Eine Vielzahl von Gedanken sind dabei wichtig: Geländereiten sorgt für Abwechslung und Ausgleich in der Arbeit, wobei hier häufig auch gleich Gelegenheiten entstehen, bei denen das Pferd, durch äußere Einflüsse angeregt, verkürzte oder kadenzierte Tritte anbietet. Dafür wird es vom Reiter belohnt und entwickelt dabei Lust und Leichtigkeit. Ähnlich kann sich auch das Reiten zur Musik auswirken. Vor allem aber ist immer das Vorwärtsreiten nach hoher Versammlung wichtig.

Der wichtigste Schlüssel zum Erfolg ist das richtige Maß zu fordern, um die nötige Kraft und Gymnastizierung dieser schweren Lektionen auszubauen. Beim Pferd darf aber auf keinen Fall ein Überforderungsgefühl hervorgerufen werden. Der Reiter muss es auf jeden Fall vermeiden, durch zu lange Reprisen die Kraft des Pferdes zu verschleißen oder über dessen Müdigkeit hinwegzureiten!

Piaffe – Passage – Übergänge

In den ersten Lernphasen ist es sehr hilfreich, die jeweiligen Lektionen an den immer gleichen Bahnpunkten zu fordern, zum Beispiel Passage von K nach A mit Übergang in die Piaffe bei A und daraus wieder Passage bis F. Erst später, bei entsprechender Festigung und Reife, sollten Piaffen und Passagen in Anlehnung an die Wege in den jeweiligen Prüfungsaufgaben auf verschiedenen Linien und im freien Raum geritten werden. Haben die Pferde durch systematisches Training genügend Kraft für die hohe Versammlung erreicht, werden sie in der Regel auch eine gewisse Freude im Bewegungsablauf dieser schweren Lektionen finden, sich eigenmotiviert anbieten und das Abrufen an prinzipiell jeder Stelle ermöglichen.

Aus entsprechend gesteigerter Versammlungsfähigkeit und Durchlässigkeit erwachsen immer mehr Gleichgewicht, Kadenz und Ausdruck im Trab, sodass es bei guter Einwirkung des Reiters gelingt, den gesteigerten Anspruch im Grundtrab sowie die für die Klasse S typischen Lektionen wie Zick-Zack-Traversalen, ganze Traversalen sowie beim Reiten der Übergänge zum starken Trab und zurück zum versammelten Trab, beziehungsweise später in die Passage, taktsicher und harmonisch zu präsentieren.

Christina Thieme und Dozent beim Übergang von der der Piaffe in die Passage

9.3 Galopparbeit

Tempiwechsel

Galoppwechsel zu drei und vier Sprüngen
Nachdem die fliegenden Galoppwechsel so sicher und kontrolliert abrufbar in guter Qualität (gerade, bergauf und mit sicherem Durchsprung) und an jedem gewünschten Wechselpunkt gelingen, werden diese in Klasse M bereits als drei Wechsel auf einer Diagonalen verlangt. Damit ist die Voraussetzung für das Erarbeiten der für Kasse S typischen Tempiwechsel – erst zu vier, dann zu drei Sprüngen – nicht mehr weit. Das Wichtigste dabei ist, jeweils den nächsten Wechsel nur dann zu reiten, wenn die Kontrolle über den Galopp sicher erhalten bleibt.

Natürlich ist dies eine Entwicklung von Pferd und Reiter, die sich je nach Veranlagung des Pferdes und Geschick des Reiters über mehrere Jahre hinzieht. Die Erfahrung lehrt dabei, erst bereits Erlerntes gut zu festigen, bevor man mit der Steigerung des Schwierigkeitsgrades weiter vorangeht – zum Beispiel erst drei Wechsel zu vier Sprüngen auf der Diagonalen, dann fünf Wechsel (und dasselbe Prinzip bei den Dreierwechseln). So erarbeitet, werden auch bald die Zweierwechsel kaum Schwierigkeiten bereiten.

Wer nun meint, dass das ziemlich einfach klingt, der hat insofern Recht, als dass es für einen Reiter, der auf diesem Wege gelernt hat, sein Pferd so vorzubereiten, dass es durchlässig und sicher die Wechselhilfen annimmt, kein größeres Problem ist (sofern er – Spaß am Rande – zählen kann), die gewünschte Anzahl von Galoppsprüngen sicher zu reiten. Die größten Probleme entstehen in der Regel, wenn die Reiter – meist von übertriebenem Ehrgeiz getrieben – „zu früh zu viel wollen“, wie ich es nenne. Gerade bei der Erarbeitung von Tempiwechseln entwickeln auch die Pferde selbst nicht selten zu viel Ehrgeiz, der dann zu Spannung und nachlassender Konzentration führt. Deshalb ist auch hier – wie bei allen anderen auftretenden Problemen – der Schritt zurück zu den Grundlagen immer der richtige und wichtigste.

Dabei empfehle ich die grundsätzliche Herangehensweise der Problemanalyse, mit welchem Mittel das Problem in der Grundlagenarbeit abgestellt werden kann.
Beispiel:
Zu wenig Schwung → Das Pferd muss grundsätzlich mehr vor die treibenden Hilfen.
Zu wenig Kontrolle → Die Durchlässigkeit muss verbessert werden, zum Beispiel durch halbe Paraden, einfache Wechsel, Galoppsprünge zählen.

Natürlich kann man unzählige mögliche Fehler aufzeigen, allerdings bin ich der Meinung, dass sich eine vernünftige Problemanalyse sowie die sich daraus ergebende Korrektur nur im praktischen Unterricht wirklich zielführend lösen lässt. Also auch an dieser Stelle wieder der Hinweis, die Unterstützung eines erfahrenen Ausbilders in Anspruch zu nehmen, ohne den auch die beste theoretische Grundlage nicht viel Wert ist.

Galoppwechsel von Sprung zu Sprung

Da das Thema der Einerwechsel in der vorher bereits erwähnten Ausbildungsarbeit erst viel später auftritt und diese nochmals einen deutlichen Qualitätssprung (Grand-Prix-Niveau) verlangen, sollte ihre Erarbeitung, wie in der Ausbildung üblich, erst nach der Schulung von Galopp-Pirouetten erfolgen.

Die Ausbildung von Einerwechseln ist die Krönung beim Reiten von Tempiwechseln. Um eine Analogie zu Menschen herzustellen: Nicht jeder, der das Abitur geschafft hat, wird auch Hochschulprofessor. So ist auch nicht jedes vielleicht in Materialprüfungen mit großer Galoppade überzeugendes oder gar siegreiches Pferd für Einerwechsel begnadet, eher im Gegenteil: Kurze, geschlossene Pferde mit leichtfüßigem, praktischem Galopp erlernen Tempiwechsel leichter.

Entscheidende Voraussetzung für das Erarbeiten von Einerwechseln sind sehr sichere Zweierwechsel. In der Regel beginnt man dann die Einerwechsel mit einem Rechts-links- oder Links-rechts-Wechsel, wobei es grundsätzlich sehr hilfreich ist, wenn der Reiter das Reiten von Einerwechseln auf einem sicheren Pferd bereits einmal erfühlt hat.

Die Schwierigkeit besteht vor allem darin, dass der jeweilige Schenkelimpuls gerade in dem Moment erfolgen muss, wenn das Pferd über die Einbeinstütze des inneren Vorderfußes in die freie Schwebe geht, in der die Gewichtshilfe den neuen äußeren Hinterfuß zum Auffußen bringt. Für den Reiter besteht beim Erlernen meist das Problem, erst die Reaktion des Pferdes auf die Wechselhilfe abzuwarten, wodurch seine Hilfe für den Einerwechsel jedoch zu spät kommt, denn dieser muss bereits im Hinspringen zu einer Seite ausgelöst werden. Um die für Einerwechsel notwendige Reaktionsschnelligkeit von Reiter und Pferd zu entwickeln, beginnt man deshalb am besten mit einem Hin- und Zurückspringen vom Handgalopp in den Außengalopp und zurück in den Handgalopp. Dies bedeutet konkret: Hin- und Zurückwechseln-Lassen, dazwischen Takt, Schwung, Kontrolle, Geraderichtung sichern, und dann wieder Hin- und Zurück usw., bis eine Leichtigkeit auf beiden Händen entsteht. Aus einem daraus erarbeiteten sicheren Balancegefühl kann nach einiger Zeit durch Konzentration auf den dritten Einerwechsel dieser angehängt und drei Einerwechsel mit entsprechender Unterbrechung für die Grundgaloppade wiederholt abrufbar geritten werden. Auf diesem Weg lässt sich nach und nach die Anzahl an Einerwechseln erhöhen, immer jedoch auf der Basis von Gleichgewicht und den Grundlagen Takt, Schwung und Geraderichtung. Diese Grundlagen zu erhalten, sollte der Reiter unbedingt vor den Ehrgeiz stellen, möglichst viele Einerwechsel reiten zu wollen. Dadurch gelingt es auch, dem häufig zu beobachtenden Schwanken in den Einerwechseln von vornherein entgegenzuwirken.

Pirouettenarbeit

Für das Reiten von Galopp-Pirouetten ist ein deutlich gesteigerter Versammlungsgrad notwendig. Er kann und sollte parallel zur bereits beschriebenen Arbeit des Zirkel-Verkleinerns und -vergrößerns (siehe Seite 100 f.) erarbeitet und durch folgende Trainingsmethoden erreicht werden.

Arbeitspirouetten

Aufbauend auf der bereits beschriebenen Gymnastizierung für den versammelten Galopp auf dem Zirkel wird der höchstmögliche Versammlungsgrad mehrmals in Folge verlangt und durch kurze Entspannungsphasen mittels Parade zum Schritt und erneutem Angaloppieren verbessert. Dazu kommt zunehmend traversartiges Zirkel-Verkleinern, kombiniert mit schulterhereinartigem Zirkel-Vergrößern, um den Gymnastizierungseffekt zu verstärken und die Durchlässigkeit derart zu steigern, dass sich Gleichgewicht und Tragkraft systematisch verbessern.

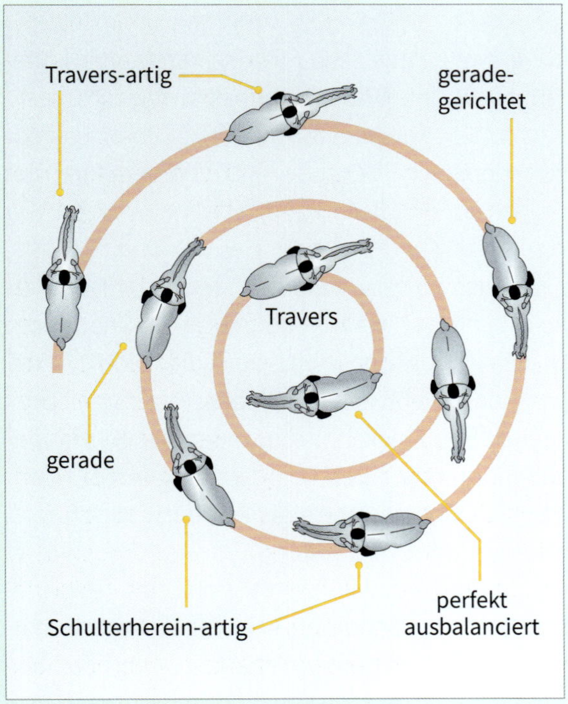

Dabei wird durch den Wechsel zwischen traversartigem, schulterhereinartigem sowie geradestellendem Reiten, welches die versammelnde Wirkung des äußeren Zügels verstärkt, die Geschicklichkeit des Reiters weiterentwickelt. Dadurch wird es ihm möglich, das häufig von den Pferden versuchte Eindrehen zu vermeiden und auf jede Abweichung von den auf der Ausbildungsskala beruhenden Schwerpunkte Takt, Losgelassenheit und Anlehnung zu reagieren. Es ist von Seiten des Pferdes neben genügend Kraft ein gehöriges Maß an Leistungsbereitschaft in diesem hohen Grad der Versammlung nötig, um Zwanglosigkeit bei höchster Anstrengung zu erhalten.

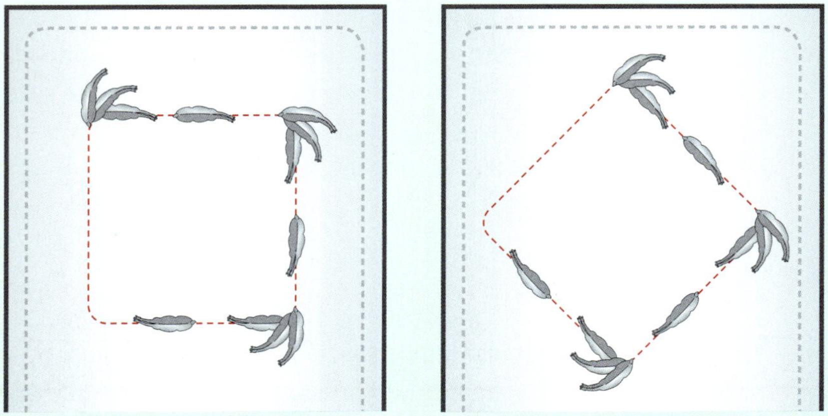

Entwicklung von Viertel-Pirouetten auf einem Quadrat

Viertel-Pirouetten – halbe Pirouetten

Viertel-Pirouetten sind besonders hilfreich, um das am inneren Schenkel gehaltene Hineingehen in die und Herauskommen aus der Pirouette zu verbessern. Dabei kann ausgehend von der bereits beschriebenen Zirkelarbeit ein gedachtes Viereck in der Bahn (Quadtratvolte) angelegt werden.

Ob zwischen den jeweiligen Viertelpirouetten in den Ecken mehr schulterherein- oder traversartig geritten werden muss, hängt von den Problemen des Pferdes oder auch des Reiters ab. Diese muss der Ausbilder fühlen oder sehen, um entsprechend gegenzusteuern. Viertel-Pirouetten sind im Übrigen auch im Schritt für die Vorbereitung von Schritt-Pirouetten sinnvoll.

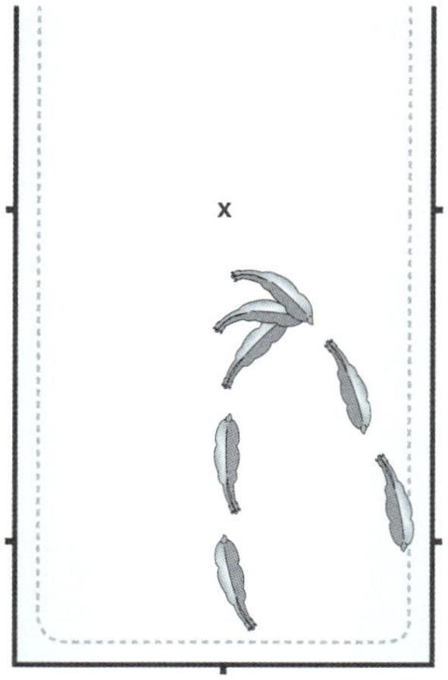

Halbe Pirouetten können natürlich an verschiedenen Stellen geritten werden. Für die Ausbildung wird in der Regel, wie zum Beispiel im St. Georg, vom Wechselpunkt in Richtung X abgewendet und jeweils vor X die halbe Pirouette mit vier oder fünf Galoppsprüngen entwickelt. Um den häufigsten dabei auftretenden Fehlern (Eindrehen und Steckenbleiben) vorzubeugen, lassen erfahrene Ausbilder die halbe Pirouette einen Galoppsprung früher beenden, um dann an der Mittellinie in Richtung Mitte der kurzen Seite schulterhereinartig abzuschließen (siehe Abbildung links).

Durch rechtzeitigen Einsatz des inneren Schenkels wird das Vorwärts erhalten. Außerdem wird es dann einfach, den gleichen Ansatz zwei bis drei Mal auf der gleichen Hand zu wiederholen, um damit das Geschick von Reiter

Christina Thieme und Dozent – halbe Pirouette in vier Phasen

Cavallo
LONGINES

und Pferd erst auf der einen Seite weiterzuentwickeln und zu festigen. Darauf aufbauend kann nach entsprechender Erholungsphase auf der anderen Hand gearbeitet werden, um schließlich auf gefestigtem Fundament die halben Pirouetten entsprechend der Prüfungsaufgaben zu reiten. Meist hilft der Hinweis, bei der Einleitung schulterhereinartig, beim Wenden traversartig und beim Herausreiten erneut schulterhereinartig zu denken. Die Details oder auch notwendigen Korrekturhinweise in der praktischen Arbeit müssen natürlich vom erfahrenen Ausbilder gesehen und auf die konkrete Situation bezogen gegeben werden.

Halbe Pirouetten, die an der langen Seite geritten werden, helfen einerseits, eine gerade Linie in die halbe Pirouette hinein zu halten, andererseits die Größe beziehungsweise Zentrierung der Pirouette einschätzen zu lernen.

Ganze Pirouetten

Ganze Pirouetten verlangen ein nochmals deutlich gesteigertes Maß an Tragkraft und Versammlungsfähigkeit. Ob und inwieweit diese Voraussetzung erreicht wurde, ist in der beschriebenen Arbeitspirouette deutlich geworden. Nun geht es um den Abruf der ganzen Pirouette, das heißt, an einem Punkt werden für die Ausführung der Pirouette circa sechs bis sieben Galoppsprünge verlangt. Hinsichtlich der Linienführung empfiehlt es sich, die Pirouette zuerst auf der halben Diagonale beim Durchreiten der Mittellinie (wie in der Intermediaire-I-Prüfung verlangt) anzulegen.

Die Tragkraft des Pferdes in Verbindung mit zunehmender Durchlässigkeit sollte in der weiteren Arbeit immer mehr Leichtigkeit in der Pirouette zur Folge haben, sodass es möglich wird, die Pirouette an jedem gewünschten Punkt und in Kombination mit weiteren schwierigen Lektionen, wie zum Beispiel Tempiwechseln, abzurufen.
Dass dieses mit wenigen Worten Beschriebene nur der Einstieg in eine langwierige, hier und da auch von Rückschritten und Korrekturen begleitete Arbeit ist, sollte jedem Reiter klar sein. Die Praxis und der erfahrene Ausbilder sind dabei unverzichtbar.

Steffen Frahm, einer der zahlreichen Meisterschüler des Autors, mit Damsey von Dressage Royal x Ritual

10 Abschlussgedanken zum Buch

Bei der Ausbildung von Pferden ist einer der wichtigsten Aspekte, beim Auftreten von Schwierigkeiten zu erkennen, was die Ursachen sind. Die richtige Einschätzung der Situation durch den Reiter ist leider sehr häufig durch Emotionen und falsches Gefühl beeinträchtigt. Dadurch kommt es leicht zu Fehleinschätzungen. Aus diesem Grunde ist der erfahrene Ausbilder am Boden immer eine wichtige, ja fast unverzichtbare Größe, insbesondere bei jüngeren und/oder unerfahrenen Reitern.

Beginnend beim Grundtempo, über die Anlehnung und in Folge über alle Punkte der Ausbildungsskala hinweg bis hin zur richtigen Hilfengebung, das schnelle Erfassen des Problems sowie das prompte Reagieren mit der entsprechend richtigen Korrektur sind die Schlüssel zum Erfolg!

Bei einer Übung ist spätestens nach zwei bis drei Fehlschlägen der Schritt zurück zu den Grundlagen immer der wichtigste Punkt.

Die Feststellung „Mein Pferd ist nicht durchlässig!", die so oft zu hören ist, reicht einfach nicht aus! Es muss schon erkannt werden: Was lässt das Pferd gerade nicht durch? Ist es die Parade? Oder vielleicht der treibende Schenkel? Und entsprechend unterschiedlich fällt die daraufhin notwendige Korrektur aus.

Der Autor und Wenckstern von Weltmeyer x Western Star

Eine nicht zu unterschätzende Herausforderung für Pferd und Ausbilder ist es, nachdem jede einzelne, für die jeweilige Klasse erarbeitete Lektion sicher gelingt, diese auch in der Abfolge innerhalb einer Prüfungsaufgabe abzurufen. Erfahrene Ausbilder arbeiten aus diesem Grund mit mehr oder weniger zusammenhängenden Teilabschnitten beziehungsweise Lektionsfolgen. Dadurch gelingt es Pferd und Reiter sehr viel leichter, durch entsprechende Wiederholung an Sicherheit zu gewinnen. Allerdings sollte darauf geachtet werden, dass es bei schlauen oder übereifrigen Pferden nicht zu einer Vorwegnahme der Hilfen kommt.

Natürlich gibt es zu dem in diesem Buch beschriebenen weitere Möglichkeiten und ergänzende Gedanken, die dann entsprechend der jeweiligen Ausbildungssituation zu individuellen Lösungen führen. Mir geht es jedoch darum, das Wesentliche aufzuzeigen, das im jeweiligen Ausbildungsabschnitt im Vordergrund stehen sollte: Ein für mich sehr wichtiges Kriterium in der Beurteilung der Ausbildungsqualität der Pferde, die auf den beschriebenen Grundlagen ausgebildet werden, ist, dass diese Pferde in der Regel leicht nachzureiten sind, selbst von weniger routinierten oder noch nicht fortgeschrittenen („schwachen“) Reitern.

Mit hoher Zufriedenheit erfüllt es mich, wenn ich erlebe, wie meine Reitschüler untereinander Pferde tauschen und sich sofort wohlfühlen und wie andersherum auch bei den Pferden trotz Reitertausches sofort Zufriedenheit und Verstehen zu erkennen sind.

Selbst bei den Lehrpferden der Landesreit- und Fahrschule des Landgestüts Redefin, die Woche für Woche in Lehrgängen unter unterschiedlichen Reitern gehen, konnte durch das konsequente Einhalten der Systematik in der Arbeit, ohne übermäßiges Korrekturreiten über lange Zeit ein hohes Niveau gehalten werden. Wie besonders und wertvoll das ist, erkennt man daran, dass in vielen Ställen genau das Gegenteil zu beobachten ist. Das sind Ställe, in denen jeder Reiter immer nur weiß, was alle anderen verkehrt machen; oder, nachdem ein anderer Reiter auf einem Pferd saß, dieses gar nicht mehr nachreitbar ist.

Wenn dieses Buch ein wenig hilft, genau dies zu vermeiden und ein wenig mehr Klarheit für unsere lange und klassische Reittradition erzeugt, so soll es nicht umsonst geschrieben worden sein.

Während der gesamten Ausbildung gilt es, eine Balance zu finden – ein gewisses Maß an Anspruch, sich den in der Idealvorstellung geforderten Kriterien zu nähern, ohne dabei jedoch zu vergessen und zu berücksichtigen, dass unterschiedliche Veranlagung von Pferd und Reiter hinsichtlich Interieur und Exterieur der Erreichung dieses Ideals Grenzen setzt. Diese Grenzen zu kennen und dann auch zu erkennen, ist unabdingbar. Deshalb sollte der Reiter/Ausbilder niemals aufhören, sich in Frage zu stellen und lernfähig zu bleiben, das heißt auch gegebenenfalls selbst Hilfe bei erfahrenen Ausbildern zu suchen, wenn es Probleme gibt.

Alles was mit zu … anfängt, ist falsch!
Zu viel – zu wenig
Zu stark – zu schwach
Zu ehrgeizig – zu wenig ehrgeizig
Die Liste ließe sich ohne Ende fortsetzen.

Das Bibelzitat „An ihren Früchten sollt ihr sie erkennen“ kann bei der Orientierung, an wen man sich wendet, sehr hilfreich sein: Dabei sollte man sich nicht nur an „goldenen Schleifen“ orientieren, sondern an den schönen Bildern, die uns losgelassene, harmonisch gehende Pferde und gut sitzende, feinfühlig einwirkende Reiter bieten.

Danke Dozent!

Er macht mit seinem Charakter und seinen Erfolgen seinem Namen alle Ehre. Als junges Pferd mit Ausbilder Michael, in seiner Blütezeit mit 17 Siegen in Klasse S (darunter mehrere Landesmeister Titel) unter Christina (Bild unten) und in dritter Generation als Lehrpferd für Enkel Paul (Bild rechts).

Besonderer Dank geht an die Züchter Familie Heidenreich sowie alle Pferdebesitzer, die uns seit Jahren ihre Pferde anvertraut haben.

Danksagung

Danke an alle, die zur Entstehung dieses Buches beigetragen haben: Meinen großartigen Lehrmeister Hans Huth sowie meine Vorbilder Wolfgang Müller und Horst Köhler, welche entscheidend zu den reiterlichen Grundlagen beitrugen. Dem Landgestüt Redefin, meiner langjährigen Wirkungsstätte mit seiner traumhaften Kulisse. Den vielen Fotografen und Fotografinnen, die mit ihren Aufnahmen entscheidend zur Illustration beitrugen. Den Reitschülern, die mich dazu ermuntert haben, dieses Vorhaben anzugehen, ganz besonders Juliane Henning und Julia Döppner, die entscheidend zur Entstehung des Konzepts beitrugen. Christoph Hess und Hannes Müller für ihre Fürsprache. Und nicht zuletzt den Mitarbeitern des **FN***verlags*, die für die Umsetzung eine so tolle Arbeit geleistet haben.

Hinweis:
Wenn die männliche Form verwendet wird, meint sie die Funktion und nicht die konkrete Person und spricht gleichberechtigte Angehörige jeden Geschlechts an. Alle erwähnten Ausführungen und Empfehlungen gelten für Pferde und Ponys, sofern für Ponys nicht ausdrücklich eine andere Regelung aufgeführt ist.